Abdul Jabbar Al-Rajab

Comportement des pesticides dans l'environnemnt

Abdul Jabbar Al-Rajab

Comportement des pesticides dans l'environnemnt

Cas particulier d'un herbicide non-selectif, le glyphosate (Roundup)

Presses Académiques Francophones

Impressum / Mentions légales

Bibliografische Information der Deutschen Nationalbibliothek: Die Deutsche Nationalbibliothek verzeichnet diese Publikation in der Deutschen Nationalbibliografie; detaillierte bibliografische Daten sind im Internet über http://dnb.d-nb.de abrufbar.
Alle in diesem Buch genannten Marken und Produktnamen unterliegen warenzeichen-, marken- oder patentrechtlichem Schutz bzw. sind Warenzeichen oder eingetragene Warenzeichen der jeweiligen Inhaber. Die Wiedergabe von Marken, Produktnamen, Gebrauchsnamen, Handelsnamen, Warenbezeichnungen u.s.w. in diesem Werk berechtigt auch ohne besondere Kennzeichnung nicht zu der Annahme, dass solche Namen im Sinne der Warenzeichen- und Markenschutzgesetzgebung als frei zu betrachten wären und daher von jedermann benutzt werden dürften.

Information bibliographique publiée par la Deutsche Nationalbibliothek: La Deutsche Nationalbibliothek inscrit cette publication à la Deutsche Nationalbibliografie; des données bibliographiques détaillées sont disponibles sur internet à l'adresse http://dnb.d-nb.de.
Toutes marques et noms de produits mentionnés dans ce livre demeurent sous la protection des marques, des marques déposées et des brevets, et sont des marques ou des marques déposées de leurs détenteurs respectifs. L'utilisation des marques, noms de produits, noms communs, noms commerciaux, descriptions de produits, etc, même sans qu'ils soient mentionnés de façon particulière dans ce livre ne signifie en aucune façon que ces noms peuvent être utilisés sans restriction à l'égard de la législation pour la protection des marques et des marques déposées et pourraient donc être utilisés par quiconque.

Coverbild / Photo de couverture: www.ingimage.com

Verlag / Editeur:
Presses Académiques Francophones
ist ein Imprint der / est une marque déposée de
OmniScriptum GmbH & Co. KG
Heinrich-Böcking-Str. 6-8, 66121 Saarbrücken, Deutschland / Allemagne
Email: info@presses-academiques.com

Herstellung: siehe letzte Seite /
Impression: voir la dernière page
ISBN: 978-3-8416-2782-7

INSTITUT NATIONAL POLYTECHNIQUE DE LORRAINE

Ecole Nationale Supérieure d'Agronomie et des Industries Alimentaires
Ecole Doctorale : Ressources, Procédés, Produits et Environnement
Laboratoire Sols et Environnement ENSAIA-INPL/INRA UMR 1120

THÈSE

Présentée en vue de l'obtention du grade de :
Docteur de l'Institut National Polytechnique de Lorraine

Spécialité : Sciences Agronomiques

Impact sur l'environnement
d'un herbicide non sélectif, le glyphosate
Approche modélisée en conditions contrôlées et naturelles

Par
Abdul Jabbar AL RAJAB

Soutenue publiquement le **29 Juin 2007** devant le Jury composé de :

BARRIUSO Enrique, Directeur de recherche INRA, Grignon	Président
COOPER Jean-François, Professeur, Université de Perpignan	Rapporteur
COUDERCHET Michel, Professeur, Université de Reims	Rapporteur
ANTOINE Valérie, Chargée de Mission, DRAF Lorraine, Metz	Examinatrice
JOULIN Arnaud, Ingénieur, DRAF-SRPV Lorraine, Nancy	Examinateur
RIOU Claire, Chargée de Mission, Agence de l'Eau Rhin Meuse	Examinatrice
SCHIAVON Michel, Professeur, ENSAIA-INPL, Nancy	Directeur de thèse

Avant propos

Ce travail a été réalisé avec le soutien financier de la Direction Régionale de l'Environnement de Lorraine (**DIREN**) et de la Direction Régionale de l'Agriculture et de la Forêt de Lorraine (**DRAF**).

Remerciements

À la fin de ma thèse qui clôture très agréablement mon séjour en France, je tiens à remercier vivement toutes les personnes qui m'ont soutenues « de près ou de loin » au cours de ces années, en particulier :

La personne qui a marqué mon séjour en France, le Professeur **Michel Schiavon**, mon directeur de thèse « mon chef », pour sa confiance, sa disponibilité, son attention, son aide, ses conseils et surtout son amitié.

Monsieur **Enrique Barriuso** pour avoir accepté de faire partie de ce jury en tant que Président.

Messieurs **Jean-François Cooper** et **Michel Couderchet** pour avoir accepté de faire partie de ce jury en tant que rapporteurs.

Mesdames et Messieurs **Valérie Antoine**, **Claire Riou** et **Arnaud Joulin** pour leur participation à ce jury.

Monsieur le Professeur **Jean-Louis Morel,** directeur du Laboratoire Sols et Environnement pour m'avoir accueillie au sein de son laboratoire « même dans son bureau », pour sa confiance, ses conseils et son encouragement.

Tous les **membres de la famille du Laboratoire Sol et Environnement** pour leur accueil chaleureux, leur amitié et leur bon humour.

Toutes les personnes qui sont intervenues sur place pour m'apporter de l'aide : **Richard Cherrier**, **Bernard et Stéphane Colin**, **Alain Rakoto**, **Jean-Claude Bégin**, **Louis Florentin** et **Olivier Tognella**.

Dr. Geoffry Séré & **Dr. Sandrine Vessigaud**, mes collègues du bureau « E 124 », pour leur amitié et les moments inoubliables qu'on a passé ensemble.

Toutes les personnes qui ont marqué fortement ces années de thèse : **Samira**, **Vanessa**, **Sophie**, **Kassem**, **Marie-France**, **Valérie**, **Clemence**, **Tanegmart**, **Sophie**, **François**, **Liliane**, … Merci à tous !

Enfin, toutes mes pensées vont à ma petite famille : **Hala**, **Luay** et **Darine**, je vous dis merci de m'avoir soutenu et fait des sacrifices pour moi tout au long de mes études, encouragé tout le temps malgré mon indisponibilité pour vous et le fait de vous avoir fait changé plusieurs fois de pays ! J'espère que notre nouvelle aventure dans un autre pays et un autre continent sera encore plus agréable...

Mes remerciements vont à ma maman, et toute ma famille en Syrie pour leur soutien malgré la distance. Je n'oublie pas la personne qui est partie trop tôt sans pouvoir partager la joie de l'aboutissement de ce grand travail et qui était toujours présente dans mes pensées, mon père …

À vous tous merci

Abdul Jabbar

Résumé

Impact sur l'environnement d'un herbicide non sélectif, le glyphosate

Approche modélisée en conditions contrôlées et naturelles

L'objectif de cette thèse était de mieux cerner les principaux processus et facteurs qui influent sur le devenir du glyphosate (herbicide le plus utilisé au monde) dans les sols et le risque de contamination de la ressource en eau. Les caractéristiques de son adsorption par les sols ont été déterminées par des expérimentations en batch, tandis que la dégradation a été suivie en conditions contrôlées et naturelles, ce qui nous a permis d'évaluer, de plus, le lessivage des ses résidus.

Son adsorption sur les sols est très rapide et intense (Kf compris suivant le sol entre 16,6 à 34,5) et l'effet du pH sur ce processus a été confirmé : l'adsorption diminue quand le pH des sols augmente. Par ailleurs, le glyphosate se désorbe difficilement et sa dégradation en conditions contrôlées ou naturelles est rapide, mais sa dynamique est très variable suivant l'activité biologique des sols. La dégradation conduit à la formation d'un métabolite, l'acide aminométhylphosphonique (AMPA) qui tend à s'accumuler dans le sol.

L'expérimentation en colonnes de sol confirme la faible mobilité du glyphosate et de l'AMPA. Les résidus exportés par les percolats sur une période de 332 jours représentent moins de 0,28 % de la dose appliquée. Lors du traitement, le glyphosate forme instantanément une quantité importante de résidus non extractibles qui sont libérés avec le temps et la fraction non minéralisée peut subir un lessivage. Les propriétés hydrodynamique du sol et la pluviométrie rencontrée ont un effet important dans le lessivage des résidus.

Mots clés : glyphosate, sol, eau, adsorption, dégradation, lessivage, persistance.

Abstract

Environmental impact of a non selective herbicide, the glyphosate

Approach modelled in controlled and natural conditions

The objective of this thesis is to determine the main processes and factors which influence glyphosate fate in soils (most used herbicide in the world) and the risks of water resources contamination. The characteristics of its adsorption by the soils were determined in batch experiments, while the degradation was studied both in controlled and natural conditions, which enabled us to evaluate the leaching of its residues.

Its adsorption in the soils was very fast and intense (K_f between 16.6 to 34.5 depending on the soil) and the effect of pH on this process was confirmed: adsorption decreases when soil pH increased. In addition, glyphosate was slightly desorbed and its degradation in controlled or natural conditions was fast, but its kinetics was very variable according to the biological activity of the soils. Degradation led to the formation of the metabolite: the aminomethylphosphonic acid (AMPA), which tends to accumulate in the soil.

The experimentation in columns of different soils confirmed the low mobility of the glyphosate and the AMPA. The residues exported by the leachates after more than 332 days represented less than 0.28% of the amount applied. During the treatment, glyphosate formed instantaneously a significant quantity of nonextractable residue which was then released with time and the nonmineralized fraction will lead to leaching. The hydrodynamic properties of the soil and the pluviometry observed had a significant effect on the leaching of the residues.

Key words: glyphosate, soil, water, adsorption, degradation, leaching, persistence.

Table des Matières

Chapitre 3 : Dégradation et stabilisation du glyphosate dans le sol : étude expérimentale en conditions contrôlées

Chapitre 4 : Etude couplée des processus de transfert, de dégradation et de stabilisation du glyphosate sous conditions climatiques naturelles

Introduction Générale

La prise de conscience de la nécessité de protéger les cultures est certainement simultanée à la naissance de l'agriculture (Schiavon, 1998). La lutte contre les organismes nuisibles des cultures a été pendant longtemps de nature physique : ramassage des insectes, destruction des plantes malades par le feu, désherbage manuel puis mécanique (Calvet et al., 2005). La naissance de la protection chimique des cultures est malgré tout assez ancienne. Dès 1000 avant J.C le soufre a été utilisé par les chinois pour des fumigations. Plus tard, au XVIème siècle les Japonais utilisaient un mélange d'huile de baleine et de vinaigre pour pulvériser sur des paddys de riz afin d'empêcher le développement des larves d'insectes (Gavrilescu, 2005). Par la suite, c'est l'arsenic qui a été utilisé comme insecticide à la fin de XVIIème siècle, ainsi que la nicotine (Calvet et al., 2005). Cependant, c'est surtout au XIXème et XXème siècles que les propriétés biocides de nombreux produits chimiques ont été mises en évidence et ont donné lieu à de considérables développements des techniques de protection des plantes. Vers 1850, se développent les usages insecticides de la roténone (obtenue à partir des racines de Derris eliptica), du pyrèthre (extrait de fleurs séchées de Chrysanthemum) et de l'arsenic trioxyde utilisé comme herbicide. En 1867, le vert de Paris sera utilisé avec succès contre le coléoptère du Colorado dans l'Etat du Mississipi, puis quelques années plus tard, en 1886, la bouillie bordelaise est utilisée pour lutter contre le mildiou.

D'une manière générale, le désherbage chimique des cultures a été effectué jusqu'en 1932, avec divers produits d'origine minérale comme les sulfates et l'acide sulfurique. A cette date la mise au point du dinitro-ortho-crésol (colorant nitré) pour désherber les céréales marque le début des pesticides organiques de synthèse avec en 1942, la mise au point d'herbicides systémiques et sélectifs (Zimmerman et Hitchcock) dont les plus connus, et encore très utilisés, sont l'acide 2,4-dichlorophénoxy-acétique (2,4-D), et l'acide 4-chloro-2-méthyl phénoxyacétique (MCPA) (Calvet et al., 2005).

Après la seconde guerre mondiale, l'explosion démographique augmente les besoins alimentaires. Cette situation est à l'origine d'une intensification de la production agricole mondiale. Elle s'accompagne du développement de nouveaux pesticides et de l'augmentation de leur utilisation (Sebillote, 1996 ; Gavrilescu, 2005 ; Zalidis et al., 2002 ; Atreya, 2007) ce qui permet de palier le manque de main d'œuvre. En effet, l'introduction des herbicides dans la pratique agricole va permettre des gains de temps : l'abandon de l'intervention manuelle au profit du pulvérisateur va réduire le travail de 20 à 25 % (Scalla, 1991).

Depuis cette date, la consommation des pesticides est toujours en croissance. De 140 tonnes de pesticides en 1940, la consommation à l'échelle mondiale est passée en 1997 à 600 000 tonnes. Ainsi en 1991, environ 23 400 produits pesticides étaient enregistrés par l'Agence de Protection de l'Environnement aux Etats-Unis. En France, en 2004, suivant les données de l'Union des Industrie de la Protection des Plantes (UIPP), 72 773 tonnes de substances actives, dont 26 104 tonnes d'herbicides, ont été commercialisées, avec un chiffre d'affaires pour la campagne agricole 2004/2005 se situant à près de 1867 millions d'euros (UIPP, 2007).

Aujourd'hui, ce sont plus de 500 matières actives différentes qui sont utilisées dans l'environnement et la consommation annuelle est estimée à environ 4 millions tonnes au niveau mondial. Seulement environ 1 % de cette quantité arrive directement sur les parasites cible, tandis que près de 30 à 50 % de la quantité appliquée peut être perdue dans l'air (Gavrilescu, 2005 ; Zhang et al., 2004 ; Gil et Sinfort, 2005).

L'utilisation intensive des produits phytosanitaires entraîne également différentes pollutions des eaux et des sols. Cette contamination est régie par plusieurs facteurs, les propriétés physico-chimiques et hydrauliques des sols, les propriétés du pesticide et le mode d'application (Gavrilescu, 2005 ; Schieweck et al., 2007).

Les résidus de pesticides parviennent dans la ressource en eau par entraînement lors du ruissellement sur les surfaces traitées, par le lessivage, mais aussi par l'abandon en pleine nature des récipients ayant contenu des pesticides et le lavage d'équipement de traitement (Konstantinou et al., 2006 ; Turgut, 2007). Dès les années 1970, des analyses d'eau souterraine (Muir et Baker, 1976), de surface (White et al., 1967) et de drainage (Schiavon et Jacquin, 1973) révélaient la présence de s-triazines et d'autres produits phytosanitaires agricoles. Ce constat s'est généralisé sur toutes les régions de grandes cultures en France (Réal et al., 2001 ; IFEN 2003). Mais, l'absence de méthodes analytiques simples et moins coûteuses pour détecter la plupart des contaminants empêche une évaluation réelle de l'état de pollution de l'environnement et bien souvent la gestion des risques (Kan et Meijer, 2007).

Le dernier rapport de l'Institut Français de l'Environnement (IFEN, 2006) fait état dans 96% des échantillons d'eau de surface et 61% pour les eaux souterraines analysées de la présence de pesticides dans des proportions telles que les seuils admissibles pour la production d'eau potable (cf. grille SEQ-eau) sont dépassés (2 µg/l), et que les milieux aquatiques peuvent être perturbés. Dans la majorité des échantillons analysés, le glyphosate et son produit de dégradation l'AMPA, sont présents à des concentrations parfois supérieures aux normes de potabilité. Du fait d'une demande en eau en constante augmentation et d'une ressource qui s'amenuise, un problème de fourniture d'eau à la population mondiale se précise.

Face à ces constats, en 1975, la réglementation Européenne fixe à 0,5 µg.L^{-1} la concentration maximale autorisée en produits phytosanitaires dans l'eau potable (directive 75/440/CEE). Puis, en 1989, la France limite la concentration de chaque produit phytosanitaire dans l'eau potable à 0,1 µg.L^{-1}, et leur somme à 0,5 µg.L^{-1}. Ces limites sont le reflet d'une moyenne des limites de détection d'un grand nombre de produits phytosanitaires dans les années 1990 et ne se réfèrent pas aux effet toxicologiques et écotoxicologiques des différents composés. Compte tenu de la diversité des produits utilisés pour le traitement des cultures, le « groupe liste » du comité de liaison des ministères de l'Environnement, de l'Agriculture et de la Santé a établi en 1994, d'après la méthode SIRIS, une liste de matières actives destinées à orienter la surveillance de la qualité des eaux (Jouany, 1996). La Directive Cadre sur l'Eau adoptée en octobre 2000 par le Parlement européen fixe un objectif ambitieux : atteindre le bon état des eaux souterraines et superficielles et réduire ou supprimer les rejets de certaines substances dangereuses pour l'année 2015. C'est pourquoi, il est très important d'effectuer des études à grande échelle en conditions climatiques réelles pour évaluer les risques de contamination obtenus par des études au laboratoire (Huston et Roberts, 1990).

En lorraine, comme ailleurs, les agriculteurs utilisent abondamment les pesticides. En conséquence, le risque de pollution de la ressource en eau par les résidus de produits phytosanitaires est susceptible d'être très élevé, même si l'activité agricole s'efforce maintenant de présenter une image de qualité et de préservation du milieu environnemental.

Il reste cependant des points critiquables. Le changement des pratiques agricoles, faisant appel au travail minimum ou au non travail du sol, l'utilisation de cultures génétiquement modifiées et résistantes à un herbicide, la mise en place d'une agriculture de plus en plus intensive, alors même qu'on parle d'agriculture durable, entraînent depuis quelques décennies à utiliser un herbicide tel que le glyphosate d'une manière immodérée. Soutenue par une publicité agressive (« **Désherbant biodégradable** », « **Pas de racines, pas d'herbe, pas de problèmes** », « **laisse le sol propre** », « **respecte l'environnement** » slogans de publicités diffusées par Monsanto pour promouvoir l'utilisation du glyphosate), l'utilisation de ce produit dépasse largement le cadre de l'agriculture et, l'entretien des espaces verts, des routes et voies ferrées constituent des secteurs à forte utilisation de ce produit. Cette surconsommation d'une matière active donnée, même présentant des risques potentiels négligeables, peut conduire à une contamination et à des dégâts irréversibles pour l'environnement.

Ainsi, on assiste parfois à des situations pour le moins « étranges ». En janvier 2007, sur plainte déposée par l'association Eaux et Rivières de Bretagne (ERB) en 2001, suite à des résultats montrant un fort taux de pollution des eaux superficielles françaises par ce produit, la société Monsanto, fabricant du Round Up a été condamnée par le tribunal de Lyon (France) à 15000 € d'amende et à la publication du jugement dans le quotidien « Le Monde » et dans une revue de jardinage pour publicité mensongère concernant sa biodégradabilité.

Dans ce contexte, et dans la mesure où la contamination de la ressource en eau par le glyphosate en Lorraine est avérée, l'objectif global de notre travail a été d'examiner le comportement du **glyphosate** dans différents types de sols agricoles. Afin de prendre en compte la diversité de ces sols, nous avons retenu pour notre étude 3 sols agricoles aux propriétés physico-chimiques contrastées, représentatifs de la région lorraine. Pour apprécier le comportement de cette molécule, un ensemble d'expérimentations a été mis en œuvre à différentes échelles afin d'évaluer en particulier le risque de contamination des eaux de percolation qui transitent à travers le sol. Pour cela, et dans la mesure où l'adsorption joue un rôle essentiel sur la disponibilité du produit au transfert et à la dégradation, dans un premier temps, nous avons évalué le phénomène de **rétention** du glyphosate en conditions de laboratoire à travers l'établissement d'isothermes d'adsorption et de désorption. L'utilisation de différentes terres devait également nous permettre d'identifier l'influence de certains composants du sol sur la rétention du glyphosate.

Mais la dispersion du produit dans l'environnement, est aussi très dépendante de sa vitesse de dégradation et de sa minéralisation. Dans un deuxième temps, nous avons donc entrepris une étude de la **dégradation** du glyphosate en conditions contrôlées. Ceci nous a permis d'apprécier sa persistance et d'évaluer son temps de demi-vie absolue (issu de la minéralisation), et apparente (consécutive à sa dégradation partielle). Enfin, la formation de métabolites et de résidus non extractibles a été évaluée afin d'estimer le risque de pollution diffuse à moyen terme.

Enfin, la pertinence des résultats obtenus en conditions contrôlées de laboratoire a été vérifiée par comparaison à une étude des processus de **transfert** et de **dégradation** du glyphosate sous **conditions climatiques naturelles**, à l'aide de **colonnes de sol** à structure non perturbée. Cette expérimentation devait nous renseigner sur la dynamique et la vitesse de transfert dans les sols du produit vers les horizons de sub-surface et estimer le potentiel de contamination des eaux souterraines.

En effet, ces résultats permettent d'apprécier un potentiel de lessivage du glyphosate vers les horizons sous jacents et d'évaluer un flux vers les nappes phréatiques.

Les résultats de ces travaux font l'objet de trois chapitres successifs précédés d'une revue bibliographique abordant les différents aspects qui affectent le comportement des herbicides dans le sol et plus particulièrement le devenir du glyphosate. Enfin, dans la conclusion générale, nous tenterons de mettre en avant les points importants apportés par notre travail.

Chapitre 1 : Synthèse Bibliographique

Comportement et devenir des produits phytosanitaires et du glyphosate en particulier, dans l'environnement :

Introduction

Les pesticides sont introduits volontairement dans le milieu en vue d'une action positive : protéger les culture vis-à-vis des maladies, des ravageurs ou de la concurrence des mauvaises herbes. Cependant, les produits phytosanitaires peuvent être potentiellement toxiques pour des organismes non cibles (végétaux ou animaux). Il convient donc de s'interroger sur leur devenir après leur application sur les sols ou les cultures et d'évaluer les risques de contamination de la ressource en eau et/ou de l'atmosphère (Malterre, 1997).

Parmi les produits phytosanitaires disponibles sur le marché, le glyphosate est l'herbicide le plus utilisé à l'échelle mondiale (Amand et Jacobsen, 2001 ; Mallat et Barcelo, 1998) et sa consommation en France a été en 1999 de 7500 tonnes. Pour comparaison, aux Etats-Unis elle fluctue entre 17000-22000 tonnes par an (Cox, 2000).

En raison de cette forte consommation, il est donc essentiel de connaître le devenir de ce produit dans l'environnement. Aussi, notre étude bibliographique a pour objectifs, d'analyser l'ensemble des processus et facteurs qui influence le devenir d'un pesticide dans le sol et de faire le point sur les travaux réalisés autour du glyphosate afin d'envisager son comportement dans l'environnement. Nous examinerons donc successivement trois processus clé : la rétention et la biodégradation et le transfert par l'eau mobile du sol.

1. La rétention des pesticides par les sols

Le terme « rétention » englobe l'ensemble des phénomènes qui font passer les molécules pesticides de la phase soluble (solution du sol) à la phase solide (constituants organiques et minéraux). Dans la plupart des cas, l'adsorption est le phénomène dominant de la rétention (Barriuso et al., 2000 ; Calvet, 1989) La notion de surface disponible à l'adsorption est difficile à définir. En effet, le sol, de par la diversité de ses constituants et de leur agencement les uns par rapport aux autres, ne présente pas, vis-à-vis du pesticide, une surface d'accumulation directement accessible dans son ensemble.

Aussi, au phénomène d'adsorption immédiate (sens strict) vont se superposer des phénomènes de diffusion vers des sites adsorbants peu accessibles situés sur les surfaces de la microporosité à l'intérieur des agrégats de sol et des processus de convection, qui vont permettre à l'eau et ainsi, à son soluté, d'accéder à de nouveaux sites de fixation (adsorption retardée). Cet ensemble de mécanismes rend difficile l'appréciation de l'équilibre qui peut s'installer (Malterre, 1997).

Enfin, la mobilisation du produit pour un transfert par l'eau libre du sol va dépendre de l'accessibilité de ces sites à l'eau circulante et de la réversibilité ou de l'énergie des liaisons établies entre le pesticide et les constituants du sol.

1.1. L'adsorption

L'adsorption joue un rôle majeur dans le devenir des pesticides, car elle conditionne l'équilibre entre les quantités présentes dans la solution du sol et celles retenues par les constituants organo-minéraux du sol. Elle intervient donc sur la disponibilité du produit pour une possible dégradation et/ou transfert.

1.1.1. Techniques d'études

Deux méthodologies sont utilisées dans l'approche descriptive des expériences d'adsorption. L'adsorption évaluée par « flow- equilibration » qui consiste à faire percoler la solution contenant l'adsorbat à travers l'adsorbant, et l'adsorption évaluée par « batch-equilibration », méthode normalisée (OECD 106) qui est obtenue par agitation d'un mélange intime de l'adsorbant avec la solution contenant l'adsorbat. Après une durée déterminée, la phase liquide et la phase solide sont séparées par centrifugation pour permettre la mesure de la quantité d'adsorbât qui reste en solution. Cette dernière technique est le plus souvent utilisée car elle permet une détermination rapide et facile des quantités adsorbées (Calvet, 1989).

L'expérimentation comporte 2 phases : la recherche du temps d'équilibre (cinétique) et la description du phénomène suivant la concentration (isothermes). L'expérimentation est alors effectuée à température constante et en faisant varier les concentrations initiales en soluté de la phase liquide (Malterre, 1997).

Cette même méthodologie permet l'étude de la désorption par remplacement, après adsorption, de la solution contenant le pesticide par une solution de $CaCl_2$ 0,01 M, puis agitation jusqu'à équilibre. L'opération est répétée plusieurs fois.

1.1.2. Description des phénomènes

Différents modèles mathématiques ont été proposés pour décrire les cinétiques et les isothermes d'adsorption. Dans la plupart des cas, la démarche est empirique, même si des modèles mécanistiques existent.

1.1.2.1. Cinétiques d'adsorption

L'étude de l'adsorption d'un soluté en fonction du temps de contact est souvent décrite comme comportant deux phases. La première phase d'adsorption, non linéaire et rapide, correspond à l'adsorption au sens strict ; les phénomènes de diffusion étant alors négligeables. La deuxième phase, linéaire, est interprétée comme étant la phase d'adsorption lente, où les processus de diffusion sont limitants (Khan, 1982 ; Moilleron, 1996). Koskinen et Harper (1990) indiquent que les liaisons fortes sont formées lors de la deuxième phase d'adsorption, après qu'un équilibre réversible ait été établi entre le produit chimique en solution et le produit adsorbé à la surface du sol lors de la phase initiale rapide d'adsorption.

Différents modèles sont proposés pour décrire la cinétique d'adsorption d'un pesticide (Jamet *et al.*, 1984). Parmi ceux-ci, le modèle hyperbolique est le plus utilisé. Il est simple, mais purement descriptif. Il est déduit de l'allure des courbes de cinétique d'adsorption. Dans les modèles à compartiments, le sol est assimilé à un système fermé à 2 ou 3 compartiments. Dans ce cas, le sol est supposé comporter une phase liquide et 2 compartiments, l'un à cinétique d'adsorption « rapide » et l'autre à adsorption « lente », sans échanges entre eux.

L'étude de la cinétique d'adsorption est importante car elle renseigne sur le temps d'équilibre nécessaire pour pouvoir réaliser des isothermes dans des conditions satisfaisantes (Calvet, 1989).

1.1.2.2. Isothermes d'adsorption

Pour définir l'adsorption, on peut simplement calculer le coefficient de partage (K_d) entre l'adsorbant et la solution :

K_d = Quantité adsorbée par unité de masse d'adsorbant à l'équilibre (mg kg^{-1})/Concentration de la solution à l'équilibre (mg l^{-1}).

Cette démarche n'est valable que si l'adsorption est indépendante de la concentration en pesticide.

En fait, le modèle le plus couramment utilisé est celui de Freundlich :

$$Q_{ads} = K_f . C_e^{\ n_f}$$

où :

Q_{ads} : quantité adsorbée par unité de masse d'adsorbant à l'équilibre,

C_e : concentration de la solution à l'équilibre,

K_f et n_f sont des constates empiriques déterminées par régression à partir des données expérimentales. K_f défini l'intensité de l'adsorption et n_f sa variation en fonction de la concentration.

Plus la valeur de Kf est élevée et plus l'adsorption est importante. Kf est égal à Kd si nf est égal à 1, ce qui est très souvent le cas pour de faibles concentrations. Dans la comparaison de l'adsorption ou pour préjuger de la mobilité de différents pesticides dans un sol, on exprime souvent cette valeur sous forme de Koc en procédant à une normalisation du Kd par rapport au carbone organique du sol : Koc = (Kd x 100) / % Carbone Organique du sol.
Mais ce concept suppose que la capacité d'adsorption du sol est uniquement contrôlée par la teneur en matière organique indépendamment de sa nature. Le Koc devient un paramètre de prédiction sans intérêt si l'adsorption implique une forte participation des argiles.

1.2. La désorption

Après adsorption du produit phytosanitaire, le sol se comporte comme un réservoir qui va délivrer le produit adsorbé dans la solution du sol lorsque sa concentration dans celle-ci diminue par prélèvements, dégradation ou transfert (Ding *et al.*, 2002). Au plan pratique, l'étude de la désorption menée au laboratoire constitue une information essentielle qui informe sur la réversibilité des interactions sol-pesticide.
Les isothermes de désorption peuvent être décrites à l'aide du modèle de Freundlich après modification (Barriuso *et al.*, 1992) pour tenir compte des quantités de pesticide préalablement adsorbé avant que ne débute la désorption. Dans ces conditions l'équation de Freundlich devient :

$$(Qads0 - Qads) = Kfd . (Ce0-Ce)^{nfd}$$

où :   Qads = quantité de produit adsorbé à l'instant t,
        Qads0 = quantité de produit initialement adsorbé,
        Kfd = constante qui traduit la capacité de désorption du pesticide,
        nfd = intensité de la désorption,
        Ce0 = concentration à l'équilibre avant que ne débute la désorption.
A partir des paramètres précédemment calculés, certains auteurs ont établi un coefficient d'hystérésis H qui qualifie la réversibilité de la rétention : H = nf/nfd (Calvet, 1989) ou H = [(1/nf) / (1/nfd)-1].100 (Gao *et al.*, 1998). Ce type de coefficient est cependant très peu utilisé.
Tout comme pour l'adsorption, la signification des constantes de désorption doit être considérée avec discernement. En effet, ces constantes, qui caractérisent le système

pesticide-sol, en conditions naturelles évoluent avec le temps et sont très différentes de celles obtenues en laboratoire (Graham-Bryce, 1981).

La désorption est un processus beaucoup plus lent que l'adsorption (Xue et Selim, 1995) en raison des interactions sol-pesticide qui freinent la libération du produit (énergie de liaison, diffusion) et conduisent à une dissymétrie par rapport aux isothermes d'adsorption. Ce phénomène est appelé : hystérésis (Carrizosa et al., 2001). Mais la désorption peut être également limitée par la non- accessibilité du solvant aux sites d'adsorption du pesticide et freinée par le processus de diffusion du pesticide présent dans la microporosité du sol vers le solvant de la macroporosité.

1.3. Les liaisons impliquées dans l'adsorption

L'adsorption est due à différents types de liaisons chimique et/ou physiques : coordination, ionique, échange de ligands, transfert de charges, hydrogène, dipôle, ponts cationiques, ponts d'eau, London-van der Walls, hydrophobes.

Leur établissement dépend des propriétés physico-chimiques du produit phytosanitaire et de celles des constituants du sol. Dans le cas du glyphosate, ce sont les liaisons de type pont cationique et hydrogène qui semblent privilégiées.

Cependant, des interactions entre le solvant et l'adsorbant sont susceptibles de concurrencer l'adsorption du soluté.

1.4. Les facteurs du milieu pouvant influer sur l'adsorption

1.4.1. Les propriétés du sol

1.4.1.1. La matière organique

La matière organique est considérée comme le principal adsorbant des pesticides dans les sols (Chiou, 1989). Aussi, à des fins de comparaison les coefficients K_f ou K_d évalués à partir des isothermes, sont rapportés à la teneur en matière organique en calculant le K_{oc} :

Plusieurs auteurs montrent qu'il existe une relation linéaire entre la teneur en matière organique du sol et le K_f, car l'adsorption augmente quand le contenu en matières organiques du sol augmente (Peter et Weber, 1985 ; Patakioutas et Albanis, 2002). Mais, Calvet et al. (1980) ont montré que ce type de relation nécessite de prendre en compte des teneurs en matière organique élevées (>4%), valeurs qui sont rarement atteintes dans le cas de sols agricoles.

1.4.1.2. Les argiles

Les principales caractéristiques des argiles à mettre en relation avec l'adsorption des produits phytosanitaires sont l'importance de leur surface réactionnelle et leurs propriétés d'échange ionique (Calvet et al., 1980 ; Fusi, 1993).L'importance de la surface d'adsorption est due à leur structure en feuillet (Jamet, 1979). D'après Calvet (1989), l'adsorption des pesticides sur les minéraux argileux se produit préférentiellement sur les surfaces externes plutôt que dans les espaces inter lamellaires, excepté pour les cations organiques, les molécules à forte concentration ou encore lorsque l'adsorption est réalisée à partir de matières actives en solution dans les solvants organiques.

1.4.1.3. Le pH du sol

Un changement du pH peut modifier la charge nette de pesticides anioniques et/ou des constituants du sol et modifier les interactions à l'origine de l'adsorption (de Jonge et de Jonge, 1999) tant pour les composés ioniques que neutres. Son influence dépend donc des propriétés physico-chimiques des molécules et des constituants du sol. Toutefois, Calvet (1989) indique trois cas où une diminution du pH favorise l'adsorption :

- adsorption de bases faibles (s-triazines) sur des adsorbants chargés négativement (montmorillonites) : une diminution du pH provoque une augmentation de la proportion de molécules protonées favorisant ainsi une adsorption par échange cationique.

- adsorption d'acides faibles (acides phénoxyacétiques) en tant que molécules neutres sur des adsorbants chargés négativement : dans ce cas la quantité de molécules neutres augmente lorsque le pH décroît. Il en résulte une augmentation de l'adsorption.

- adsorption de molécules neutres sur des adsorbants dont les propriétés de surface sont modifiées par le milieu acide. La diminution du pH favorise les liaisons H.

Pour les bases faibles, le pH correspondant au maximum d'adsorption est parfois pratiquement égal au pKa de la molécule. L'auteur attribue ce comportement à une compétition pour les sites d'adsorption entre les molécules protonées et les ions H^+ et/ou Al^{3+} ou encore à la répulsion des molécules protonées.

Enfin, pour des bases faibles qui sont essentiellement adsorbées en tant que molécules neutres, on peut observer une augmentation de l'adsorption avec une augmentation du pH.

1.4.1.4. L'eau et les solutés du sol

La teneur en eau du sol et les solutés présents jouent également un rôle important dans la rétention des pesticides. L'eau peut se comporter comme un solvant pour le pesticide mais également constituer un soluté pour certains sites d'adsorption (Calvet, 1989). De plus, les nombreux composés dissous qu'elle contient peuvent affecter le processus d'adsorption en entrant en compétition avec les molécules pesticides pour les sites d'adsorption. Par ailleurs, les cations prédominants dans la solution sol peuvent être impliqués dans des mécanismes d'adsorption, notamment par formation de ponts cationiques.

1.4.1.5. La température du sol

Les effets de la température sur l'adsorption d'un composé sont variables. Sonon et Schwab (1995) ont montré, pour différentes s-triazines que la température avait une influence sur le taux de diffusion des produits chimiques dans le sol. En passant de 5°C à 25°C les coefficients de diffusion augmentent entraînent une adsorption plus intense.

2. La rétention du glyphosate

2.1. Influence des propriétés de la molécule

Le glyphosate, dérivé de la glycine, dont les caractéristiques physico-chimiques sont données dans l'encadré ci-dessous (figure 1.1), est une molécule qui se distingue par la présence de deux groupements acides, l'un carboxylique, l'autre phosphonique. Ceci lui confère quatre états de dissociation suivant le pH. Les pKa respectif de cette dissociation sont : 0.8 ; 3 ; 6 et 11 (Agritox, 2007). Des valeurs quelque peu différentes (2 ; 2,6 ; 5,6 et 10,6) sont données par Sprankle et al. (1975). Cette particularité permet d'envisager une adsorption par liaisons H et/ou de coordination (Miles et Moye, 1988) de forte énergie mais très dépendante du pH du sol, de la présence de cations échangeables di et trivalents et d'oxydes de fer et d'aluminium chargés positivement. Cette adsorption par les sols, la matière organique humifiée ou les argiles est le plus souvent décrite par le modèle de Freundlich (Hance, 1976 ; Glass, 1987 ; Autio et al., 2004) mais également, dans quelques travaux, par le modèle de Langmuir (Piccolo et al., 1996 ; Dion et al., 2001).

Structure moléculaire:

$$\text{HO}_2\text{CCH}_2\text{NHCH}_2\overset{\overset{\text{O}}{\|}}{\text{P}}(\text{OH})_2$$

Nom chimique : N-(phosphonomethyl)glycine (IUPAC).

Famille chimique : acide aminé.

Poids moléculaire : 169,1 g/mol.

Forme physique : cristaux solides sans couleur.

Tension de vapeur : 13,1 µPa à 25 ℃.

Point de fusion : 200 ℃.

Densité : 1,74 g/ml.

Constante de Henry : $4{,}27 \times 10^{-9}$ Pa m^3 mole^{-1} à 25℃.

Solubilité dans l'eau : 10,5 g l^{-1} à 20℃ et pH de 2 ; 11,6 g l^{-1} à 25℃.

Coefficient de partage octanol/eau : log P : -3,2 à 25℃.

Stabilité : - dans l'eau : DT de quelques jours à 91 jours.

   - dans le sol : DT50 3-174 jours.

pKa : pKa$_1$ 0.8 ; pKa$_2$ 3 ; pKa$_3$ 6 ; pKa$_4$ 11.

Figure 1.1. Principales caractéristiques physico-chimiques du glyphosate (Worthing et Hance. 2000 ; Agritox, 2007 ; Couture *et al.*, 1995).

2.2. Adsorption du glyphosate par les sols

Le glyphosate est fortement adsorbé par les sols, mais l'ampleur de sa rétention est très variable. Ainsi, les valeurs de K_f (constante de l'équation de Freundlich décrivant l'adsorption) obtenues pour neuf sols aux propriétés physico-chimiques très différentes et comportant un sol sablo-limoneux et une tourbe, vont de 18 à 377 l/Kg (Hance, 1976). Des études plus récentes, résumées au tableau (1.1), confirment cette variabilité et montrent, du moins partiellement, que son adsorption est influencée par différents paramètres.

Si le Kf ou le Kd est très dépendant des propriétés physico-chimiques des sols, par contre la valeur de n_f, (autre constante de l'équation de Freundlich décrivant l'adsorption), apparaît le plus souvent inférieur à 1 (tableau 1.1), indiquant dans tous les cas un nombre limité de sites d'adsorption facilement disponibles ou accessibles. Il en résulte que, d'une manière générale, le glyphosate est proportionnellement mieux adsorbé lorsqu'il se trouve à faible concentration dans la solution du sol.

Tout comme le Kf, les valeurs de Koc rapportés dans la littérature varient énormément avec des valeurs allant de 8,5 à 10230 (Dousset *et al.*, 2004). Cependant cette valeur ne doit pas être utilisée en dehors d'une adsorption sur des substances organiques pures car généralement dans les sols, la matière organique n'est pas un paramètre prédominant de l'adsorption du glyphosate. Enfin on notera que l'adsorption sur les argiles est relativement élevée et varie en fonction de la nature minéralogique (tableau 1.1) (Glass 1987).

Tableau 1.1. Résumé des études sur l'adsorption du glyphosate par les sols

Sol	caractéristiques du sol								Auteurs
	pH	% A[1]	% C[2]	Fe	Cu	K_f	n_f	K_d	
1	6,2	22,6	3,45			377	<1	-	Hance, 1976
2	5,1	16,0	4,10			125	''	-	''
3	6,2	32,6	3,69			120	''	-	''
4	5,2	10,0	36,5			110	''	-	''
5	6,3	6,6	12,0			83	''	-	''
6	7,4	28,6	11,7			51	''	-	''
7	7,0	16,0	1,64			50	''	-	''
8	8,0	34,6	1,54			22	''	-	''
9	6,7	23,6	1,76			18	''	-	''
Argileux	7,5	52,6	1,56	-	-	76	0,67	-	Glass 1987
Limoneux	5,8	17,0	1,64	-	-	56	0,51	-	
Sablo-limoneux	5,6	7,1	1,24	-	-	33	0,46	-	
Sablo-limoneux	6,7	10	1,3			83,8	0,85		Cheah et al.
Sol organique	4,7	32,5	30,5			417	0,78		1997
Vertisol	7,38	58	0,98	8,3[a]	-	839	4,20	3,71	Kogan et al.,
Andisol	4,79	18	6,6	103[a]	-	0,015	0,47	12,13	2003
Inceptisol	7,76	34	1,52	32,2[a]	-	1,667	3,20	16,67	''
Rendzine	8,4	8,8	1,86	0,69[b]	6,3[c]	17,6	0,76	13,2	Mamy et
Argilo-limoneux	8,3	37,6	1,35	1,25[b]	13,3[c]	32,9	0,86	30,5	Barriuso
Calcaire									2005
Limoneux	6,3	27,4	1,01	2,43[b]	41,9[c]	60,5	0,88	61,3	
Montmorillonite						138	0,75		Glass 1987
						115	0,59		
						8	1,08		

A[1] argiles ; C[2] carbone organique ; [a] Fe-DTPA (mg Kg^{-1}); [b] Fe amorphe extrait à l'oxalate d'ammonium (‰) ; [c] Dissous par HF (mg Kg^{-1}).

On notera également que nous n'avons pas rencontré dans la littérature d'étude sur l'adsorption de l'acide amino-methyl-phosphonique (AMPA), principal métabolite du glyphosate (WHO, 1994).

2.2.1. Effet du pH

D'une manière générale on note que l'adsorption du glyphosate diminue quand le pH des sols augmente (Getenga et Kengara, 2004 ; Gimsing et al., 2004 ; Zhou et al., 2004 ; Morillo et al., 2000 ; Mc Connel et Hossner, 1985). Le pH influe sur l'état de dissociation de la molécule de glyphosate et des constituants du sol. Quand le pH du sol diminue apparaissent des espèces moléculaires (glyphosate et constituants du sol) moins chargées négativement et l'adsorption est facilitée (Morillo et al., 2000 ; De Jonge et De Jonge, 1999 ; Nicholls et Evans, 1991). Par contre, Sheals et al. (2002) font état d'une déprotonation du groupe aminé du glyphosate quand le pH augmente donnant la forme NH_2^+, qui pourrait modifier l'adsorption. Enfin, Gimsing et al. (2004), tout comme Getenga et Kengara, (2004) soulignent que l'adsorption du glyphosate peut être correctement prédite par le pH des sols. Mais certains auteurs notent une indépendance de l'adsorption par rapport au pH (Cheah et al., 1997, Torstensson, 1985), ou même par rapport à une argile comme l'illite (Glass, 1987). Ainsi, De Jonge et al. (2001) obtiennent une augmentation de l'adsorption par chaulage d'un sol sableux. Les auteurs attribue ce résultat à une augmentation de la réactivité de l'aluminium amorphe et des hydroxydes de fer.

2.2.2. Effet de la teneur des sols en argiles et oxydes métalliques

Les résultats des premiers travaux sur l'adsorption du glyphosate menés par Sprankle et al. (1975) avec un sol argilo-limoneux et un sol sableux, avaient conduit ces auteurs à suggérer que les argiles étaient responsables de l'adsorption de cet herbicide. De même, un peu plus tard, à partir de travaux menés avec 3 sols, Glass (1987) tout comme Dion et al. (2001) concluaient que l'adsorption du glyphosate était liée à la teneur en argiles des sols (Dion et al., 2001 ; Glass, 1987) et à leur capacité d'échange cationique (Glass, 1987).

Dans la majorité des sols, le glyphosate est fortement adsorbé aux argiles. Celui-ci formerait avec les argiles un complexe comme indiqué par la figure (1.2) (Ramstedt et al., 2005). L'intensité de l'adsorption dépend de leur nature minéralogique (Glass, 1987 ; Mc Connell et Hossner, 1985). Ainsi, la montmorillonite adsorbe plus que l'illite ou que la kaolinite avec un Kf respectif de 138, 115 et 8. L'adsorption sur l'illite s'est avérée indépendante du pH tandis que sur la montmorillonite, elle dépend du pH et du cation compensateur.

L'adsorption s'accroît suivant l'ordre : montmorillonite-Na < montmorillonite-Ca < montmorillonite-Mg < montmorillonite- Cu < montmorillonite-Fe (Glass, 1987). De même, Mc Connell et Hossner (1985) indiquent que pour un cation donné, la natronite adsorbe plus que la montmorillonite et, selon le cation, l'adsorption s'accroît suivant l'ordre : Na < Ca < Al. L'adsorption sur des argiles saturées est fonction de la charge des cations et elle augmente dans l'ordre $Na^+ < Ca^{++} < Al^{+++}$ (McConnell et Hossner, 1989). Enfin l'addition de cations tels que Ca^{++}, Mn^{++}, Zn^{++}, Mg^{++}, Fe^{+++} ou Al^{+++} à une bentonite, augmente spécifiquement l'adsorption et l'ordre obtenu est $Ca^{++} < Mn^{++} < Zn^{++} < Mg^{++} < Fe^{+++} < Al^{+++}$ (Sprankle *et al.*, 1975). L'effet le plus marquant est obtenu avec Fe^{+++} et Al^{+++} (Glass, 1987 ; Hensley *et al.*, 1978).

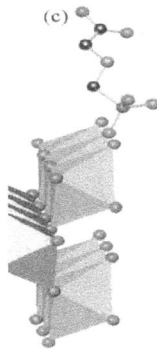

Figure 1.2. Structure de surface possible du système binaire Glyphosate-manganite. (d'après Ramstedt *et al.*, 2005) (les octaèdres gris représentent $Mn(O,OH)_6$ et les atomes sont codés : blue pour N, rouge pour O, noir pour C et pourpre pour P).

Dans ces interactions glyphosate-argiles et suivant des études menées avec de la goethite (α-FeOOH) seul le groupement phosphonique serait impliqué (Sheals *et al.*, 2002) tandis que le groupe carboxylique resterait relativement libre. Pour Barja *et al.* (2005), dans le cas de la goethite, le groupement phosphonate du glyphosate ou de l'AMPA établit des liaisons de coordination avec l'oxyde de fer de même nature que l'acide méthylphosphonique malgré la présence des groupes carboxyliques et/ou amino de ces molécules.

Cependant, le rôle prédominant des argiles est remis en cause par Gimsing *et al.* (2004), qui attribuent un rôle majeur au pH, ou par Mamy et Barriuso (2005) qui associent le rôle combiné du pH, de la teneur en cuivre, du fer amorphe et du phosphore. De même Nicholls et Evans (1991) estiment qu'une meilleure prédiction de l'adsorption du glyphosate serait obtenue par la prise en compte du pH et du fer extractible à l'oxalate (fer amorphe). Pour Piccolo et al. (1994), Morillo *et al.* (2000) et Zhou *et al.* (2004) l'adsorption est liée à la teneur du sol en oxydes de fer et d'aluminium et à la présence de certains cations comme le Cd (Zhou *et al.*, 2004). Celui-ci formerait un complexe avec le glyphosate et favoriserait son adsorption sur les constituants du sol en jouant le rôle de pont cationique. Le rôle positif des oxydes de fer et d'aluminium sur l'adsorption du glyphosate est également souligné par Gimsing *et al.* (2004). Ces auteurs indiquent une adsorption plus rapide de l'herbicide mais celui-ci reste facilement désorbable par la suite. Le rôle de ces oxydes est également indiqué par Morillo *et al.* (2000) qui montre que l'adsorption est directement corrélée à leur teneur dans le sol.

2.2.3. Effet de la teneur des sols en matière organique

Dans l'adsorption du glyphosate, certains auteurs attribuent un rôle majeur à la matière organique (Ying Yu et Qi-Xing Zhou, 2004, Morillo *et al.*, 2000, Piccolo *et al.*, 1996). Dans une étude faisant appel à un sol d'une forêt Canadienne Feng et Thompson, (1990) observent que 90 % de la totalité des résidus de glyphosate et d'AMPA sont retenus principalement dans la couche de surface du sol 0-15 cm, où la teneur en matière organique est la plus élevée. De même, Barrett et McBride (2006) montrent que le glyphosate est plus adsorbé sur sol organique que sur sol minéral et suggèrent une liaison par pont métallique entre les 2 composantes chargées négativement. Par ailleurs, l'adsorption du glyphosate sur des extraits organiques purifiés obtenus à partir de tourbe, de sol volcanique, de charbon et de lignite, s'est avérée plus intense que sur des argiles minérales (Piccolo *et al.*, 1996). Cette forte adsorption est expliquée par la possibilité de multiples liaisons hydrogène entre les groupes acides de l'herbicide et les groupes acides et oxygénés des composés organiques. Les auteurs montrent que l'adsorption n'est pas corrélée à l'acidité des composés organiques mais plutôt à leur taille moléculaire et à leur richesse en structures aliphatiques. L'adsorption serait facilitée par une forte flexibilité stéréochimique due aux chaînes aliphatiques, combinée à une grande taille moléculaire. Piccolo *et al.* (1995) montre également une plus forte interaction avec les complexes Fer-Acides humiques, qu'avec les acides humiques seuls. C'est la présence de complexes organo-minéraux qui explique l'adsorption du glyphosate sur la matière organique. Le glyphosate peut également interagir avec la matière organique soluble. A l'aide d'une technique de filtration sur gel, Madhum *et al.* (1986) observent une forte affinité du glyphosate avec la fraction organique de faible poids moléculaire. De même, Piccolo et Celano (1994) à l'aide de spectres IR, observent la formation de complexes entre le glyphosate et la matière organique hydrosoluble extraite d'une léonardite. Ces interactions avec la matière organique soluble expliqueraient la migration du glyphosate dans les sols. Cependant, Day *et al.* (1997) montrent que la goethite recouverte par de la matière organique adsorbe moins que goethite pure. Il apparaît ainsi que la matière organique naturelle à plus d'affinité pour l'argile que pour le glyphosate. Par ailleurs, l'augmentation du pH réduit l'adsorption du glyphosate sur les 2 types de goethite. Ceci conduit les auteurs à penser que, en augmentant le pH on augmente la proportion d'espèces de glyphosate chargé négativement en solution et la charge négative de la goethite. A partir d'une étude de l'adsorption du glyphosate par différents sols australiens, Gerritse *et al.* (1996) concluent à une compétition de la matière organique sur les sites d'adsorption du glyphosate, ce qui entraîne une diminution de son adsorption. Accinelli *et al.* (2005) montrent que l'addition de matière organique fraîche à deux sols entraîne une diminution de l'adsorption du glyphosate. Après addition de 8 % de résidus de maïs, le Kf d'un sol sablo-limoneux passe de 43 à 35 et celui d'un sol sableux de 62 à 43,8.

2.2.4. Effet des ions échangeables et des ions de la solution du sol

Aucune étude n'indique un rôle prépondérant de la capacité d'échange cationique des sols (Morillo *et al.*, 2000), mais différents auteurs font état du rôle de certains ions échangeables (Aluminium, Fer, Cuivre, Cadmium et Phosphate).

Dans une étude de l'adsorption du glyphosate par trois sols chiliens (Andisol, Inceptisol, Vertisol), Kogan *et al.* (2003) attribuent, pour partie, la forte capacité d'adsorption de l'Andisol, par rapport aux autres sols, à sa richesse en Al et Fe échangeable.

Pour leur part, Morillo *et al.* (2000) observent que la présence de cuivre dans le sol favorise l'adsorption du glyphosate par interaction directe avec le Cu^{++} porté par les constituants du sol ou par formation d'un complexe glyphosate-Cu qui est plus facilement adsorbé que le glyphosate seul. De même Maqueda *et al.* (1998) observe que la présence de cuivre augmente l'adsorption sur la goethite de près de 9 %. Un rôle analogue est attribué au cadmium par Zhou *et al.* (2004) tandis que Ramstedt *et al.* (2005) observent que la présence de Cd(II) entraîne une augmentation de la présence de glyphosate à la surface de la manganite dans la gamme de pH étudiée (6,7 à 10,1). Ces cations joueraient, en particulier, le rôle de pont cationique entre les charges électronégatives du glyphosate et des constituants du sol, mais pourraient également former un complexe avec le glyphosate le rendant plus facilement adsorbable (Ramstedt *et al.*, 2005). D'une manière plus générale, Mc Connell et Hossner (1985), ont montré que l'adsorption du glyphosate était liée à la charge des cations échangeables et que les cations les plus chargés (tri-valents) sont capables de complexer plus de glyphosate que les moins chargés (mono ou divalents).

Différents travaux reposent sur l'hypothèse d'une adsorption du glyphosate sur les site d'adsorption du phosphore minéral (Dion *et al.*, 2001) en particulier sur les oxydes de fer et d'aluminium (Gimsing *et al.*, 2004). Dès 1976, dans une étude faisant appel à neuf sols, Hance souligne que l'adsorption du glyphosate est corrélée à celle du phosphore et plus particulièrement lorsqu'on prend en compte les sites d'adsorption du phosphore non occupés. Ainsi, les travaux de Gimsing *et al.* (2004), de Dion *et al.* (2001) et de De Jonge et De Jonge (1999) mettent en évidence une compétition dans l'adsorption du glyphosate et du phosphore et soulignent que l'apport de phosphore empêche l'adsorption du glyphosate. Cette compétition avec le phosphore peut conduire à une forte mobilité du glyphosate. Cependant, dans une étude menée avec 21 sols finlandais et des prélèvements effectués à différentes profondeurs, Sari Autio *et al.* (2004) constatent qu'aucun des paramètres examinés : teneur en carbone, argiles, phosphore, pH, oxydes de fer et d'aluminium n'explique à lui seul l'adsorption du glyphosate.

En conclusion, le glyphosate apparaît comme un composé facilement retenu par les sols. Cette rétention semble particulièrement efficiente dans les sols acides, les sols riches en oxydes de fer et d'aluminium, en argiles, en Fe^{++}, Al^{+++}, Cu^{++} et ceux pauvres en phosphore. Le rôle de la matière organique reste plus discutable.

2.3. Désorption du glyphosate

Les études spécifiques concernant la désorption du glyphosate, voire son extraction par une solution aqueuse, sont apparemment très peu nombreuses. Nous citerons les travaux de Cheah *et al.* (1997) menées sur 2 sols malaisiens, l'un sablo-limoneux et l'autre argileux à forte teneur en matière organique (30,5 % de carbone). Ces auteurs montrent que la désorption faisant suite à l'adsorption à partir d'une solution à 1 mg L^{-1} de glyphosate, est très minime. En 4 pas de désorption, seulement 5,51 % de l'herbicide initialement adsorbé est désorbé à partir du sol sablo-limoneux et seulement 0,73 % pour le sol argileux organique. Ces valeurs sont nettement inférieures à celles obtenues par Piccolo *et al.* (1994) avec différents sols européens et variant suivant les caractéristiques de 15 à 80 %. Mamy et Barriuso (2006) montrent cependant que la désorption est inversement proportionnelle à l'adsorption : faible lorsque l'adsorption est élevée et les isothermes de désorption dépendent de la concentration initiale en herbicide.

3. La dégradation

La dégradation d'un pesticide correspond à sa dissipation par transformation de la molécule mère. Lors du traitement phytosanitaire une partie du produit entre en contact avec la surface des constituants du sol, tandis qu'une autre partie peut rester dans la solution du sol. En fonction de cette répartition, de la nature des surfaces mises en jeu, de l'activité biologique et des propriétés physico-chimiques, diverses réactions chimiques et/ou biochimiques peuvent intervenir et conduire à la transformation, voire à la minéralisation du pesticide (Grebil *et al.*, 2001).

3.1. La dégradation abiotique

Ce type de dégradation, d'origine chimique et/ou photochimique est le plus souvent considéré comme mineur. Cependant, nombreux sont les travaux soulignant l'importance de ces voies de dégradation (Ristori et Fusi, 1995).

3.1.1. La dégradation chimique

La dégradation chimique peut intervenir dans la solution du sol où l'hydrolyse acide ou basique est la réaction la plus fréquente. Elle conduit le plus souvent à des produits intermédiaires polaires et donc plus hydrosolubles que le composé parent. Mais il est démontré que les processus réactionnels sont généralement catalysés au niveau des surfaces des constituants du sol : argiles, matières organiques et oxydes métalliques (Senesi, 1993). Au-delà du processus d'hydrolyse, d'autres réactions peuvent intervenir telles que l'oxydation par l'intermédiaire de radicaux libres des constituants du sol, la déhalogénation initiée par de nombreux nucléophiles et les réarrangements qui concernent certains composés comme le parathion. Les processus réactionnels dépendent de la nature de la matière active considérée, de son état d'ionisation, de la nature de l'interface et des conditions de milieu.

L'impact des facteurs relatifs au milieu sur la dégradation chimique est considérable. Les paramètres généralement considérés dans la littérature sont le pH, l'humidité et dans une moindre mesure la température.

Hormis son influence sur l'état d'ionisation de la matière active, le pH agit sur les processus de dégradation et notamment l'hydrolyse, dont le mécanisme peut être différent selon que le milieu est acide ou basique (Hequet *et al.*, 1995).

Le contenu en eau du sol est également une caractéristique importante qui intervient de manière parfois contradictoire. En effet, dans certains cas les molécules d'eau se comportent en catalyseur de l'hydrolyse abiotique, notamment lorsqu'elles sont sous forme hautement polarisée à la surface d'un oxyde. Dans d'autres cas, elles sont en compétition pour les sites d'adsorption avec les matières actives ou servent en même temps de site d'adsorption par l'intermédiaire d'un pont eau (Wolfe, 1990).

Enfin, la température semble également avoir un impact sur le processus d'hydrolyse qui est favorisé lorsque cette dernière augmente (Taylor *et al.*, 1995).

De l'examen des nombreux travaux réalisés, on ne peut pas dégager de règle générale, ni pour ce qui concerne le comportement d'une famille de produits donnés à l'égard des argiles ou des matières organiques, ni pour ce qui concerne les interactions de ces constituants à l'égard d'un produit d'une famille chimique donnée.

3.1.2. La photodégradation

Certains auteurs, ont montré que les radiations solaires sont directement responsables de la dégradation photolytique et thermique des pesticides, car la lumière et la chaleur agissent de manière concomitante (Somasundaram et Coats, 1990). La photodégradation peut être extrêmement significative à la surface des plantes, des débris végétaux, dans l'eau, dans l'atmosphère et même à la surface du sol (Chesters *et al.*, 1989). Les réactions mises en jeu dans la photodégradation conduisent aux mêmes produits que la dégradation chimique. Elles peuvent être consécutives à l'absorption directe de la lumière par la matière active ou impliquer dans l'absorption de l'énergie lumineuse, des substances qui agissent comme des photo-sensibilisateurs (Cui *et al.*, 2002). Ainsi, les acides humiques peuvent absorber fortement la lumière et réagir soit en accélérant, soit même en induisant la dégradation de molécules photo-chimiquement stables. Mais ils peuvent également par un effet d'extinction inhiber les réactions (Senesi, 1993).

Même si de nombreux auteurs estiment que la dégradation par voie abiotique ne contribue pas de manière significative à la dissipation des pesticides appliqués au sol (Parochetti,1978), elle interfère sur l'activité des microorganismes qui peuvent se trouver confrontés à la dégradation de nouvelles molécules, parfois plus stables que la molécule mère.

En définitive, si le relais par la biodégradation n'est pas assuré, la dégradation abiotique ne contribue le plus souvent qu'à la perte du pouvoir biocide spécifique de la matière active et à l'introduction dans le milieu de nouvelles structures chimiques.

3.2. La dégradation biologique

Pour la plupart des auteurs, la dégradation des pesticides dans les sols est réalisée essentiellement par des processus impliquant les microorganismes ; ce qui confère au sol un pouvoir de détoxication particulièrement élevé (Pons et Barriuso, 1998).

3.2.1. Les principaux types de dégradation biologique

Une dégradation naturelle et spontanée des produits phytosanitaires est extrêmement rare, car ces produits représentent des structures moléculaires inconnues pour les systèmes enzymatiques des microorganismes. Aussi, la cinétique de disparition par voie biologique d'un pesticide dans le sol débute presque toujours par une période de latence, plus ou moins longue, au cours de laquelle la dégradation est pratiquement nulle. Elle correspond, soit à une adaptation des microorganismes au nouveau substrat (induction enzymatique), soit à une multiplication de populations capables de le dégrader. A cette première étape fait suite la dégradation proprement dite, au cours de laquelle les microorganismes peuvent mobiliser un ensemble d'enzymes leur permettant de transformer le pesticide jusqu'à sa minéralisation et de l'utiliser comme source nutritive, on dit alors que la dégradation se fait par métabolisme. Mais les microorganismes peuvent également établir un processus de type coopératif, découplé du phénomène de croissance. La matière active ne constitue plus une source d'énergie et/ou de carbone. Ces besoins seront assurés par des composés organiques du sol appelés co-substrat. On parle de dégradation par co-métabolisme. Dans ce cas, la souche microbienne, considérée individuellement, ne contribue que partiellement à la dégradation du produit en mettant en œuvre des enzymes à faible spécificité. Les microorganismes qui procèdent par co-métabolisme convertissent les pesticides en divers composés organiques qui s'accumulent plus ou moins dans le sol ; notamment lorsqu'il manque une souche intermédiaire dans la chaîne des transformations.

Ces deux voies de dégradation peuvent coexister. Elles sont catalysées par des enzymes microbiennes constitutives ou adaptatives dont la production est induite par la présence du pesticide.

La dégradation par métabolisme est rapide et complète mais ne concerne qu'un nombre limité de pesticides. Elle est assurée par des souches microbiennes qui disposent d'une diversité d'enzymes suffisante pour dégrader la molécule, qui s'adaptent rapidement et dont la taille de leur population augmente dans le milieu. Une accélération progressive de la dégradation du pesticide peut survenir à la suite de son application répétée. Ce phénomène est couramment désigné par l'expression « biodégradation accélérée » (Yassir *et al.*, 1999). Une fois que la flore est adaptée à une forme de dégradation, elle conserve cette adaptation pour des mois, voire des années. Cette capacité est maintenue en raison de la présence dans le sol de composés organiques qui sont les substrats usuels du système enzymatique et ce dernier reconnaît le pesticide comme substrat de substitution (Soulas, 1999).

La dégradation par co-métabolisme concerne la majorité des produits. Le maintien de cette activité, ainsi que le maintien d'une certaine croissance, suppose que les espèces dégradantes trouvent dans le milieu un substrat nutritif appelé co-substrat. Il s'agit généralement de composés organiques ou minéraux simples pourvus par la matière organique des sols ou d'analogues structuraux du pesticide. Des amendements organiques à base de résidus de culture, de fumier ou de boues peuvent participer à la fourniture de co-substrat (Deuet *et al.*, 1995) et ainsi accélérer la dégradation (Soulas, 1999).

3.2.2. Les facteurs intervenant sur la biodégradation

Tout facteur favorable au développement des microorganismes contribuera à une dégradation plus rapide des pesticides. Dans ce contexte les variables qui déterminent la vitesse et les voies de dégradation d'un pesticide dans le sol sont multiples.

La structure chimique du pesticide et par voie de conséquence ses propriétés physico-chimiques, sont largement responsables de son devenir après application. Elle détermine en particulier sa toxicité intrinsèque (activité d'un pesticide contre les cellules ou les enzymes capables de le dégrader), sa valeur nutritive pour les microorganismes, l'énergie nécessaire pour rompre les liaisons et donc sa biodégradabilité (Anderson, 1994).

Les relations structure-biodégradabilité sont d'une manière générale mal connues, excepté pour certaines catégories de pesticides comme par exemple les acides phénoxyacétiques (Anderson, 1994). En effet, très souvent, à l'intérieur d'une même famille chimique les pesticides ne sont pas dégradés avec la même intensité. De petites modifications au niveau structural peuvent provoquer des changements significatifs ou même drastiques dans les taux de biodégradation. Mais, bien que certains pesticides puissent persister jusqu'à plusieurs années dans le milieu, aucun n'est absolument stable (Henriet, 1979).

Toutefois, pour être dégradé, un pesticide doit être biodisponible. En effet, lorsqu'un pesticide est adsorbé, il est indisponible pour la biodégradation (Yaduraju, 1994). Cependant, dans ce cas, la dégradation chimique peut se substituer à la dégradation biologique. Selon Anderson (1994), le taux de biodégradation d'un pesticide est influencé par sa mobilité et par la quantité d'eau disponible dans le sol, car tous deux ont pour conséquence d'augmenter la probabilité de contact entre le produit chimique et les enzymes ou les microorganismes capables de le dégrader

La concentration en pesticide dans le milieu n'est pas sans influence. Un produit peut être métabolisé à une concentration et co-métabolisé à une autre (Novick et Alexander, 1985). Mais la concentration peut également influer sur la cinétique de dégradation. Elle peut être directement proportionnelle à la concentration jusqu'à une certaine valeur et indépendante au-delà. Enfin, lorsque les teneurs en pesticides dans la solution du sol sont trop élevées, il arrive que la matière active ne soit pas dégradée, notamment dans le cas de molécules intrinsèquement toxiques qui dénaturent les enzymes ou les microorganismes dégradants. Dans ce cas, la dégradation ne reprendra que lorsque les concentrations auront atteint un niveau tolérable, suite à une dilution, à une diffusion en dehors de la cellule microbienne ou par inactivation par l'intermédiaire du phénomène d'adsorption (Anderson, 1994).

En raison de l'interaction de multiples paramètres, la mise en évidence de l'effet du type de sol sur la biodégradation d'un pesticide n'est pas aisée (Yaron, 1989). D'une manière générale, le processus de biodégradation est plus intense dans un sol lourd (riche en argiles) que dans un sol léger ; ce dernier étant généralement doté d'un pH acide et d'une activité microbienne plus faible. Certaines études ont montré qu'une augmentation du taux d'argiles et/ou de matières organiques, par son action sur la structure, la porosité, l'aération, la rétention de l'eau et l'accessibilité du produit pouvait accroître les phénomènes de dégradation et même en déterminer le mécanisme impliqué (Yaduraju, 1994). Mais d'autres auteurs insistent sur le rôle contradictoire joué par le taux d'argiles et/ou de matières organiques. Aussi, il est admis que les pesticides sont plus persistants lorsque le contenu en argile et en matière organique augmente, en raison d'une plus forte adsorption qui ralentit la biodégradation. En fait, la biodégradation dépend de l'équilibre entre l'effet du pH qui influe sur la taille et la diversité des populations microbiennes et celui des teneurs en argile et matière organique dont dépendent pour partie la rétention et la biodisponibilité.

D'une manière générale, un pH proche de la neutralité est favorable à la dégradation microbienne des molécules neutres (Pieuchot et al., 1996), cependant son effet est complexe. Selon la matière active, le pH peut augmenter ou diminuer le taux de dégradation par voie abiotique. Il a été montré que des herbicides comme la simazine ou l'atrazine sont dégradés plus rapidement dans un sol à pH acide alors que pour d'autres, tel que la métribuzine, on observe une diminution de la dégradation, voire une stabilisation pour un produit comme la napropamide (Walker et Allen, 1984). Somasundaram et Coats (1990), notent qu'une faible variation d'acidité à partir de la neutralité peut entraîner une décomposition rapide des composés sensibles au pH.

Outre les différents facteurs examinés, les deux variables environnementales que sont la température et l'humidité affectent également, à la fois l'activité microbienne des sols et la dégradation abiotique. Pour certains auteurs, la température et l'humidité n'agissent pas de façon indépendante. Ils soulignent qu'une augmentation de la température s'accompagne généralement d'une diminution de la teneur en eau (Walker, 1987). La limitation d'un des deux facteurs entraîne une diminution de la dégradation.

La teneur en eau du sol est un paramètre essentiel au maintient de l'activité dégradante microbienne. Elle agit comme un solvant des pesticides et un transporteur des éléments nutritifs à l'intérieur des cellules (Soulas, 1999). Une augmentation du contenu en eau d'un sol traité entraîne le plus souvent une augmentation de la dégradation du pesticide. Ainsi, la demi-vie dans un sol à 6% d'humidité est 2 à 4 fois plus longue qu'à 15% d'humidité. Toutefois, ce phénomène n'intervient que jusqu'à un certain niveau au-dessus duquel le contenu en eau du sol ralentit, voire inhibe totalement, la dégradation de la matière active. En occupant l'espace poral, l'eau peut restreindre le renouvellement de l'oxygène de l'atmosphère du sol, créant ainsi des conditions de milieu anaérobie défavorables à la dégradation d'un grand nombre de pesticides.

Mis à part quelques exceptions, la température a plus de conséquences sur le phénomène de dégradation que l'humidité. Une augmentation de la température de 10°C réduit couramment la demi-vie d'une matière active de 50 %. Cependant, au-delà d'une certaine température, le processus favorisant la dégradation laisse place à une activité de dénaturation enzymatique inhibant l'élimination du pesticide. Pons et Barriuso (1998) indiquent que, dans le cas des sulfonylurées, les processus de dégradation biotiques semblent plus fortement affectés par une diminution de la température que les processus abiotiques. Ceci peut expliquer l'existence de dégradations abiotiques lentes intervenant en conditions froides et sèches (Vouzounis et Americanos, 1992).

Cependant on notera que, lorsque la température augmente, l'élimination des pesticides par dégradation chimique et volatilisation est accélérée. Dans ce cas, le pesticide est soustrait au phénomène de biodégradation.

4. La dégradation du glyphosate

4.1. Dégradation chimique

Par des études en conditions stériles, Rueppel et al. (1977) ont examiné le potentiel de dégradation chimique du glyphosate dans le sol et l'eau. Leurs résultats montrent l'absence de dégradation significative. Pour le sol, cette stabilité est confirmée par les travaux de Sprankle et al. (1975) qui ont fait appel à des incubations de sol traité au glyphosate et à l'azide de sodium comme inhibiteur de l'activité microbienne. De même, pour l'eau, Doliner (1991) à montré que dans des solutions stériles tamponnées à pH 3, 6 ou 9 et maintenues à l'obscurité à des températures de 5 ou 35°C, le glyphosate est stable pendant 32 jours.

4.2. Photodégradation

Comme différents phosphonates utilisés dans l'industrie en tant qu'agents de chélations, de blanchiment, ou en tant qu'inhibiteurs dans des produits de défloculation (Lesueur et al., 2005), le glyphosate semble résistant à la photodégradation. L'irradiation UV pendant 48 heures, équivalente à une exposition à la lumière naturelle de 8 heures pendant 16 jours, ne donne selon Rueppel et al. (1977) aucune dégradation. Ces résultats sont confirmés par Worthing et Hance, (2000).

Cependant, Lund-Hoie et Friestad (1986) ainsi que Mallat et Barcelo (1998) ont montré que le glyphosate est susceptible de se photodégrader dans les eaux naturelles. Le glyphosate reste effectivement stable dans des solutions aqueuses témoins conservées à l'obscurité, mais l'exposition à la lumière ultraviolette provoque sa photodégradation. En effet, respectivement 18,4 et 86,7% du glyphosate d'une solution à 1.0 mg l^{-1} dans de l'eau naturelle stérilisée, est transformé après irradiation pendant 1 ou 14 jours. Pour des concentrations de 1 et 2000 mg l^{-1}, les demi-vies étaient respectivement de 4 jours et de 3 à

4 semaines. Pour Mallat et Barcelo (1998) la dégradation photochimique serait influencée par le type d'eau et le pH. Ainsi, dans de l'eau de source ou de rivière à pH 3, la demi-vie du glyphosate est respectivement de 230 et 345 jours lorsque les solutions sont soumises à la lumière. A pH 7 cette demi-vie diminue significativement et passe à 60 et 100 jours. Maintenues à l'obscurité, les solutions d'eau de source donnent des demi-vies de 730 jours à pH 3 et 770 jours à pH 7. Dans la mesure où le glyphosate n'adsorbe pas la lumière, sa photodégradation serait induite par la présence de composés photosensibles dans le milieu aqueux.

Cependant, Trotter *et al.* (1990) estiment que ces données ne sont pas concluantes et que, en fonction des résultats disponibles, la photolyse joue un rôle mineur dans la dégradation du glyphosate dans l'environnement.

Par ailleurs aucun résultat ne fait référence à la photodégradation du glyphosate lorsqu'il est appliqué au sol.

4.3. Dégradation biologique

4.3.1. Nature et aspects dynamiques du métabolisme

Les différents auteurs de travaux consacrés à la biodégradation du glyphosate s'accordent pour estimer que celle-ci est de type **co-métabolique**. En effet, plusieurs résultats obtenus au laboratoire montrent que sa dégradation dans le sol est immédiate (pas de phase de latence) (Cheah *et al.,* 1998 ; Stenrod *et al.,* 2003 ; Gimsing *et al.,* 2004) et que, par ailleurs, aucune minéralisation de l'herbicide n'est observée en milieu de culture si le glyphosate représente la seule source de carbone (Stenrod *et al.,* 2003).

La première phase de dégradation qui suit l'application au sol est rapide ; elle est supposée concerner le glyphosate libre, puis le processus ralenti et serait tributaire de la désorption (Cheah *et al.,* 1998 ; Gimsing *et al.,* 2004).

A partir d'expériences d'incubation d'un sol limono-argileux traité au glyphosate marqué sur le carbone du groupe phosphonométhyl, ou sur le carbone 1 ou 2 du groupe glycine, Rueppel *et al.* (1977) ont pu montrer que respectivement 46,8 ; 55,3 et 55,3 du carbone radioactif était minéralisé en 28 jours en conditions aérobies. Ainsi, la minéralisation du glyphosate s'est avérée comparable à celle du sucrose, incubé dans les mêmes conditions.

En anaérobie, la dégradation est également importante. Elle atteint, pour les mêmes sols, incubés dans les mêmes conditions de température et d'humidité et pour la même période, respectivement 37,3 ; 51,4 et 33,5 %.

Ces résultats, indiquant une rapide minéralisation du glyphosate sont confirmés par d'autres travaux (von Wiren-Lehr et al, 1997 ; Aamand et Jacobsen, 2001, Gimsing et al., 2004) et en particulier par Cheah *et al.* (1998) qui observent 90 % de minéralisation de l'herbicide en 60 jours dans un sol sablo-limoneux de pH 6,7 à 1,3 % de carbone organique. Cependant, ce

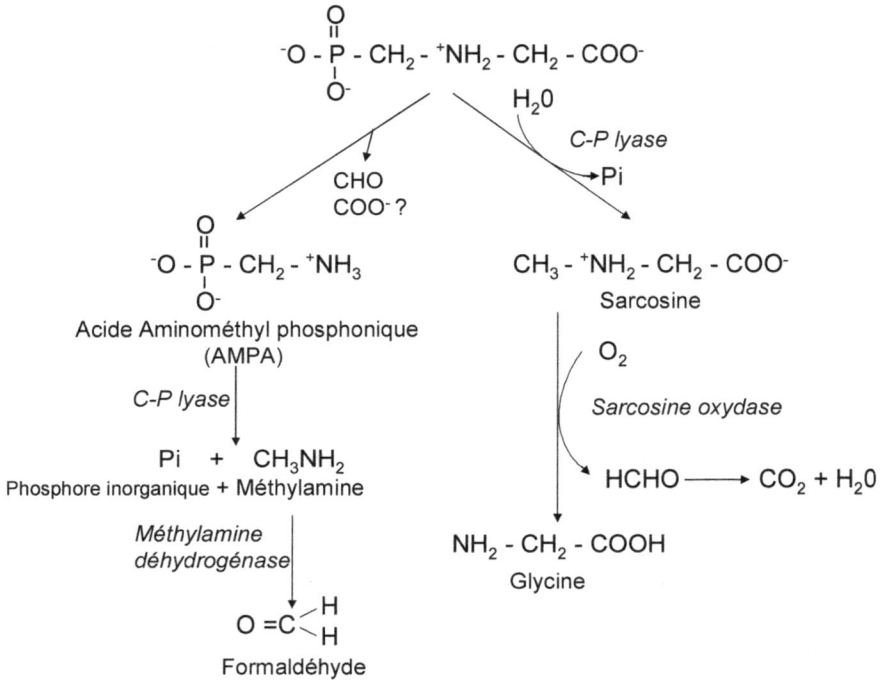

Figure 1.3. Voies de dégradation du glyphosate dans les sols (Liu *et al.*, 1991, Bruns et Hershberger, 2002)

même auteur montre que, pour un sol argilo-limoneux de pH 4,7 et 30 % de carbone organique, la minéralisation peut être bien plus lente et de seulement de 14,6 % en 60 jours. Ce comportement particulier est attribué à une adsorption de l'herbicide différente suivant les sols. Cette idée est partagée par d'autres auteurs (Sorensen *et al.*, 2006; Accinelli *et al.*, 2005; Strange-Hansen *et al.*, 2004 ; Getenga *et al.*, 2004 ; Wirén-Lehr *et al.*, 1997). Ainsi, Sorensen *et al.* (2006) observent qu'en profondeur (3 ou 9 m) le glyphosate était plus aisément minéralisé dans un sol argileux que dans un sol sableux où l'adsorption s'était avérée plus forte et la désorption plus faible que pour le sol argileux. Pour ce qui concerne Getenga *et al.* (2004) ; ces auteurs montrent que l'addition de compost au sol ne stimule pas la minéralisation du glyphosate, vraisemblablement parce que son adsorption s'en trouve accrue. Accinelli *et al.* (2005) distinguent deux situations. Lorsque les apports de carbone sont faibles (0,5 % de paille de maïs) l'effet peut être nul ou légèrement positif ; lorsque l'apport est élevé (4%), il y a inhibition de la minéralisation. Avec des résultats apparemment contradictoires, Wirén-Lehr *et al.* (1997) aboutit à la même conclusion quant à l'effet de l'adsorption. En effet, la dégradation semble dominée par le type et la force de liaison. La dégradation du glyphosate libre dans la plus part des sols est corrélée à la biomasse, mais dans le cas de sols, par exemple riche en Cu, ou bien lorsque le produit est associé à des résidus de culture (glyphosate ajouté à des cellules de soja en milieu stérile, puis incorporées au sol), la dégradation s'en trouve accrue et n'est plus corrélée à la biomasse microbienne.

Selon Eberbach (1998), dans le sol, le glyphosate est distribué en 2 compartiments, dont un labile et l'autre non labile. La dégradation du glyphosate présent en phase labile conduit à un temps de demi- vie court compris entre 6 et 9 jours tandis que pour le celui fortement adsorbé (phase non labile), sa dégradation conduit à une demi-vie de 222 à 835 jours. L'auteur souligne l'importance de la nature des liaisons et de la part respective des 2 phases suivant les sols.

D'autres facteurs affectant l'adsorption ou l'activité microbienne sont susceptibles de modifier fortement la biodégradation du glyphosate. La diminution du pH en augmentant la sorption et en réduisant l'activité microbienne joue un rôle important (Kools *et al.*, 2005). De même, la température peut intervenir fortement. Laitinen *et al.* (2006) observent une forte variation saisonnière de la dégradation avec un arrêt de la dissipation en hiver. De même Stenrod *et al.* (2005) indiquent une très faible dégradation dans une situation de gel constant, tandis que, en situation de dégel, la minéralisation s'en trouve accrue. Elle est alors en relation avec le glyphosate présent dans la solution du sol et fluctue avec la température.

La dégradation du glyphosate dans le sol conduit à un métabolite majoritaire : l'AMPA (Rueppel *et al.*, 1977) et à des métabolites secondaires pouvant représenter moins de 1% du produit appliqué (Cheah *et al.*, 1998). La dégradation de l'AMPA étant légèrement plus lente que celle du glyphosate, cela permet sa détection dans le sol (Roy *et al.*, 1989). De ce fait, l'intérêt d'une rapide dégradation de la matière active est neutralisé par la persistance de l'AMPA (Mamy *et al.* (2005). Les voies de dégradation du glyphosate dans les sols et la présence de ses produits de dégradation, l'AMPA et la sarcosine sont indiquées dans la figure 1.3 (Liu *et al.* 1991, Bruns et Hershberger, 2002).

La biodégradation complète du glyphosate dans le sol conduit à la formation de phosphore inorganique et de CO_2. Mais elle conduit également à la formation de deux molécules carbonées (figure 1.3) pouvant être rapidement incorporées dans une variété de produits naturels (Malik *et al.*, 1989).

4.3.2. Aspects microbiens du métabolisme

Des travaux menés en milieux de culture, ont montré que de nombreux microorganismes présents dans le sol étaient capables de dégrader le glyphosate. Ainsi, Liu *et al.* (1991) en utilisant différentes souches de la famille des Rhizobiaceae (7 souches *Rhizobium meliloti, Rhizobium leguminosarum, Rhizobium galega, Rhizobium trifolii, Agrobacterium rhizogenes et Agrobacterium tumefaciens*) montrent que chacune d'elles était capable de croître dans un milieu où le glyphosate constituait la seule source de phosphore, mais à une vitesse légèrement plus lente par rapport à un milieu contenant du phosphore sous forme inorganique. Des essais réalisés avec *R. meliloti 1021* ont montré que la sarcosine constituait le premier produit formé, indiquant la rupture de la liaison C-P et l'intervention d'une enzyme C-P lyase. Pour leur part, Gimsing *et al.* (2004) travaillant avec du sol, montrent que la dégradation du glyphosate est très bien corrélée avec la taille de la population bactérienne *Pseudomonas* spp. Par contre, après avoir testé 1200 souches isolées à partir de sols capables de minéraliser le glyphosate, Forlani *et al.* (1999) indiquent qu'aucune d'entre elles n'a manifesté de capacité à dégrader le glyphosate. Ainsi la dégradation de l'herbicide pourrait être réalisée par diverses espèces microbiennes incapables de vivre in vitro et de former des colonies visibles sur des plaques de culture.

4.3.3. Persistance dans le sol

Comparée à celle d'autres herbicides dégradés par co-métabolisme, la persistance du glyphosate dans le sol sous conditions naturelles est le plutôt faible. Ainsi, Thompson *et al.* (2000), suite à l'application de trois formulations de sels de glyphosate (Vision, Touchdown, et Mon14420) sur un site forestier acadien (Canada) observent une persistance de l'ordre de 80 jours. Cependant, Grunewald *et al.* (2001) indiquent que la disparition complète du glyphosate et de l'AMPA dans 3 sols de la région de Dresde, après application de l'herbicide sous forme commerciale Roundup et Touchdown, n'est obtenue qu'après 5 mois. Enfin, Feng et Thompson (1990) rapportent la présence dans les 35 premiers centimètres d'un sol canadien, de 6 à 18 % de résidus de glyphosate après une période d'un an. De même, Laitnen *et al.* (2006), avec un sol argileux et un autre sablo-limoneux soumis aux conditions climatiques de Finlande observent une persistance supérieure à un an et une DT_{90} de 11 mois

La demi-vie de dissipation (DT_{50}) sous conditions naturelles varie le plus souvent entre 10 et 20 jours (Thompson *et al.*, 2000 ; Grunewald *et al.*, 2001 ; Aamand et Jacobsen, 2001). Cependant, suivant les sols considérés et les conditions en environnementales rencontrées, elle peut atteindre : 45 à 60 jours dans un sol alluvial organique de la forêt canadienne (Feng et Thompson, 1990), 47 jours, dans un sol argileux, en lysimètres, sous conditions climatique naturelles du Danemark (Fomsgaard *et al.*, 2003), 11 à 17 jours dans un sol sablo- limoneux d'Allemagne (Grunewald *et al.*, 2001) 10 à 12 jours dans un sol forestier canadien (Thompson *et al.*, 2000). Les valeurs extrêmes variant entre 2 et 174 jours (WHO, 1994).

En conditions de **laboratoire** (humidité et température favorables à l'activité microbienne) les demi-vies sont également très variables. Cheah *et al.* (1998) ont observé que la demi-vie du glyphosate était de 19,2 jours pour un sol sablo-limoneux malaisien à 1,3% de carbone, contre 309 jours pour un sol organique à 30,5 % de carbone. De même Smith et Aubin (1993) obtiennent des demi-vies de 30 et 40 jours pour 2 sols argileux différents et de 37 jours pour un sol limono-sableux. Des demi-vies de 11,2 et 22,7 <u>années</u> ont été estimées par Nomura et Hilton (1977) pour des sols dans lesquels le glyphosate est fortement adsorbé. Enfin, Mamy *et al.* (2005), pour 3 sols provenant de différentes régions de France (Châlons en Champagne, Dijon et Toulouse) obtiennent des demi-vies bien plus courtes et dissocient le cas du glyphosate et de l'AMPA. Pour le glyphosate la demi-vie est inférieure à 1 jour pour le sol de Châlons en Champagne, de 0,8 jours pour celui de Dijon et de 3,7 jours pour celui de Toulouse. Pour l'AMPA et ces mêmes sols la demi-vie est respectivement de 25, 34 et 75 jours.

Enfin, Sprankle *et al.* (1975) ont montré que l'addition de phosphore à certains sols augmente le taux de dégradation du glyphosate alors que l'addition de Fe^{3+} et de Al^{3+} le diminue significativement. Ainsi, le taux de dégradation du glyphosate est principalement influencé par l'effet des ions qui influencent sa disponibilité à la dégradation en diminuant l'adsorption au sol dans le cas d'un apport de phosphore ou en facilitant sa précipitation sous forme de sel du métal et/ou son adsorption dans le cas d'une présence importante de Fe^{3+} et d'Al^{3+} (Malik *et al.*, 1989).

5. La dissipation

La dissipation des produits phytosanitaires débute, *a priori*, dès leur application au sol. Deux processus fondamentaux, la dégradation et la dispersion, vont contribuer à la disparition du pesticide et définir sa persistance au point d'application.

La dégradation assure, comme nous l'avons vu, la transformation de la molécule initiale d'une manière plus ou moins prononcée, tandis que la dispersion va entraîner le produit et éventuellement ses dérivés hors du point d'application ou du volume de sol dans lequel il est recherché.

Toutefois, la connaissance de la dynamique de dissipation d'un produit en un point donné est généralement évaluée de manière indirecte, par le dosage des résidus extraits du sol au cours du temps qui suit l'application. Ainsi apparaît un autre processus susceptible d'affecter la notion de dissipation : la formation de résidus non extractibles, qui diminue la disponibilité à l'extraction.

L'appréciation de la dissipation par la mesure de la persistance ou de la demi-vie de dissipation, revêt le plus grand intérêt tant du point de vue agronomique qu'environnemental (durée de l'activité biocide, quantité de produit disponible à la dispersion). Elle ne constitue cependant, comme nous l'avons vu, qu'une valeur très approximative et surtout variable en fonction de la méthodologie analytique mise en œuvre et des conditions de milieu rencontrées. De plus, la mesure de la persistance ne renseigne en rien sur la dynamique et l'intensité de chacun des processus ayant contribué à la dissipation du produit.

Pour préciser l'importance relative de chacun des processus qui affecte la dissipation d'une molécule appliquée au sol, il faut opérer un changement d'échelle et passer de la parcelle, système ouvert où seule la persistance est mesurable, au modèle expérimental, souvent de laboratoire, plus ou moins complexe. Dans ce cas, l'utilisation de molécules marquées au ^{14}C et une expérimentation menée en conditions contrôlées permettent, non seulement de préciser la notion de persistance, mais également d'évaluer le rôle de l'un ou de chacun des processus mis en jeux. Mais il se pose alors la question d'extrapolation de ces valeurs aux conditions naturelles à l'échelle de la parcelle.

5.1. Dissipation par dispersion

Lors du traitement, le produit qui parvient au contact du sol est susceptible d'être soumis à des mouvements dont la mise en œuvre et l'ampleur vont dépendre de l'état du produit (adsorbé, libre, microcristallisé, ..), de ses propriétés physiques (tension de vapeur, constante de Henry, solubilité dans l'eau, coefficient de partage octanol/eau, ..) et des conditions climatiques (température, humidité du sol, mouvements de l'air, pluviosité, ..). Ainsi, le produit peut migrer dans la solution du sol par diffusion, passer dans la phase gazeuse du sol ou dans l'air, être entraîné verticalement et/ou latéralement sous l'action des excédents d'eau. Tandis que le mouvement par diffusion contribue à "distribuer" le produit dans l'espace proche du point traité, la volatilisation et le transfert par convection ont une action le plus souvent néfaste : perte de produit hors de l'espace traité, contamination de l'air, de l'eau, de la profondeur du sol et de surfaces non soumises au traitement. La connaissance des mécanismes et de l'action des facteurs qui affectent ces deux voies de transfert sont donc d'une importance capitale afin de préserver l'efficacité du traitement en même temps que la qualité de l'environnement dans son ensemble.

5.1.1. La volatilisation

La volatilisation des pesticides, définie comme un départ de produit à partir de la surface du sol en phase vapeur est un processus dont on a, depuis longtemps, tenté d'évaluer l'importance (Foy, 1964). Toutefois, peut être en raison de la faible tension de vapeur de la majorité des produits, des méthodologies très critiquables employées et des résultats contradictoires obtenus, cette voie de dispersion n'a pas retenu une particulière attention, même si dès 1965, Abbot *et al.* faisaient état d'une contamination des eaux de pluie par le lindane, la dieldrine et le DDT. C'est vraisemblablement la confirmation de ces résultats par des suivis ultérieurs, dont Bidleman (1999) donne un bref aperçu, qui a conduit au développement récent des recherches sur ce thème. Trois domaines de recherche ont simultanément progressé : la méthodologie d'étude, l'évaluation du phénomène y compris sous conditions "naturelles" et la connaissance des mécanismes élémentaires et des facteurs mis en jeu (Bedos *et al.*, 2002).

L'évaluation du phénomène de volatilisation était le plus souvent réalisée de manière indirecte par dosage des résidus après dépôt du produit sur un support de nature variée (métal, verre, sol ...) (Foy, 1964 ; Burt, 1974). L'évolution de la recherche a conduit à des modèles expérimentaux permettant l'étude du rôle des phénomènes élémentaires qui interviennent (adsorption/désorption, fugacité, partage sol-eau-air, diffusion moléculaire, convection, ..) et des facteurs qui les affectent (tension de vapeur, constante de Henry, propriétés adsorbantes du sol, état d'humidité, température, circulation de l'air ...) (Jaunky, 2000), ainsi qu'à des mesures de la volatilisation dans des conditions "naturelles" qui intègrent l'action de l'ensemble de ces paramètres (Cliath *et al.*, 1980 ; Glotfelty *et al.*, 1984 ; Cooper *et al.*, 1990).

Les travaux menés montrent que pour certains produits, la volatilisation peut constituer une voie importante de dissipation (tableau 1.2), en particulier à partir de sols humides, sous l'influence de l'évaporation de l'eau. Cependant, l'essentiel des travaux porte sur des produits à forte tension de vapeur (même si cette caractéristique n'est pas le facteur nécessairement dominant dans la volatilisation).

Dans la mesure où les produits retrouvés dans l'air ou dans les précipitations ne sont pas nécessairement ceux manifestant une forte volatilité (Chevreuil *et al.*, 1996), on peut s'interroger sur le rôle de la volatilisation dans la contamination de l'atmosphère. Ainsi, la participation à la contamination de l'air des embruns observés lors des traitements et de l'érosion éolienne des sols secs traités doit être élucidée et évaluée.

Tableau 1.2. Volatilisation de la trifluraline en fonction du temps et dans différentes situations expérimentales (d'après Glotfelty *et al.*, 1984)

Mode d'application	Quantité volatilisée (%)	Temps écoulé
Tension de vapeur : 1,1.10^{-4} mmHg à 25 °C		
Incorporation dans 0-2,5 cm	22	120 jours
Incorporation dans 0-7,5 cm	3,4	90 jours
Surface sol sec	2-25	50 heures
Surface sol humide	50	3-7,5 heures

5.1.2. Transfert sous l'action des mouvements de l'eau

Même si le mouvement des particules de sol peut assurer le transfert de pesticides, l'eau constitue le principal vecteur du transport. Le mouvement de l'eau s'effectue de manière différente suivant qu'il a lieu dans la zone de sol saturée ou non saturée en eau. Dans la zone non saturée du sol, l'eau et les solutés s'écoulent verticalement (lixiviation, lessivage), alors que le mouvement est essentiellement latéral dans la zone saturée (nappe, surface d'un sol engorgé ou non perméable).

5.1.2.1. Lessivage-lixiviation

Selon la perméabilité du sol, la vitesse d'écoulement va être plus ou moins élevée, mais la densité de flux, liée à la perte de charge totale (gradient hydraulique) va également varier avec la teneur en eau du sol. La microporosité de l'espace intra-agrégat est généralement considérée comme homogène et le flux est alors qualifié de matriciel. Mais la majorité des sols n'est pas assimilable à des milieux homogènes et l'espace inter-agrégats, constitué de macropores (fissures, biopores,...), est le siège d'un autre type de transport : le flux préférentiel, mis en évidence depuis plus de 100 ans (Lawes *et al.*, 1882), mais longtemps négligé dans les études de modélisation et les expérimentations de laboratoire (Jury et Flühler, 1992).

Le flux préférentiel désigne le passage de l'eau dans le milieu poreux à travers des chemins privilégiés (Zehe et Fluhler, 2001). Il peut induire un transport rapide des solutés. Dans ces conditions, les processus d'adsorption, de diffusion et de dégradation, n'ont pas le temps d'intervenir, du moins de manière significative et les pesticides peuvent atteindre rapidement les couches profondes du sol, pauvres en matière organique et en microorganismes où l'adsorption et la dégradation sont réduites (Miller *et al.*, 1997). Dans la mesure où le sol n'assure plus son rôle de « filtre », les risques de contamination des nappes sont alors élevés (Aderhold et Nordmeyer, 1995).

Le sol est un milieu hétérogène et l'équation de Richards n'est pas adaptée pour décrire l'écoulement de l'eau en son sein ; d'autres concepts doivent être utilisés.

Le sol peut être considéré comme un milieu poreux comportant deux continuums d'eau distincts mais connectés entre eux (figure 1.4) (Gerke et van Genuchten, 1993), l'un où l'eau est mobile et l'autre où l'eau est immobile (Addiscot, 1984 ; Tillmann *et al.*, 1991). Dans des conditions non saturées, la teneur en eau immobile a été évaluée à 25-40 % de la teneur en eau totale du sol (Gaudet *et al.*, 1977 ; Lennartz et Meyer-Windel, 1995).

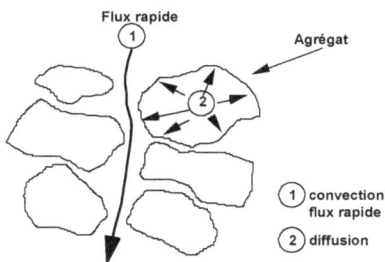

Flux rapide
1
Agrégat
2
1 convection
flux rapide
2 diffusion

Figure 1.4. Schéma du mouvement des solutés dans un sol structuré proche de la saturation, selon le concept d'eau mobile-immobile (la flèche 1 représente le flux rapide de l'eau dans la macroporosité et les flèches 2, la diffusion lente des solutés vers l'extérieur de l'agrégat), d'après Green et Khan (1987).

Le mouvement des solutés dans l'eau immobile s'effectuerait exclusivement par diffusion tout comme les interactions entre les deux domaines. Le domaine de "l'eau immobile" peut ainsi constituer une source ou un puits de solutés vis à vis de l'eau mobile. Mais dans certains cas, l'eau immobile peut se révéler inaccessible à l'eau mobile. Les teneurs en solutés de l'eau mobile ne seront alors pas modifiées au cours de leur transfert car la diffusion entre les deux domaines ne peut intervenir.

A partir de ces concepts établis à l'aide d'expériences de laboratoire, la difficulté réside dans l'évaluation du transport qui résulte d'une interaction de processus au niveau de la parcelle.

Sur la base de ces observations concernant les mouvements de l'eau, on perçoit que deux facteurs sont primordiaux dans le déterminisme du transfert d'un pesticide : la pluviométrie et les caractéristiques structurales du sol.

La pluviométrie doit être considérée sous différents aspects, à la fois dans son intensité et dans sa distribution dans le temps. La pluie non efficace par rapport à la mise en place de mouvements gravitaires favorisera la diffusion, notamment vers le compartiment "d'eau immobile". Une part du produit sera alors soustraite au mouvement par convection. Ainsi, l'effet d'une pluie intense dépendra de son positionnement par rapport à d'autres événements pluvieux modérés (Guimont *et al.*, 2003).

Pour ce qui concerne la structure du sol, elle détermine la taille du compartiment "eau immobile". Lorsqu'on envisage le mouvement d'un pesticide, on doit prendre en compte le fait que la taille de ce compartiment est influencée par des facteurs édaphiques mais aussi par les pratiques culturales. De plus, elle est en constante évolution. Ce dernier aspect semble particulièrement important, car au cours du temps, cette évolution tend à conférer au sol une porosité plus fine et plus homogène. Cela a pour conséquence de réduire le flux préférentiel et d'accroître le mouvement matriciel. Ceci pourrait expliquer en partie, les résultats obtenus sur sols drainés où, plus le délai séparant le traitement de la première pluie efficace au drainage est long, moins les quantités de résidus exportées sont fortes (Lafrance *et al.*, 1997 ; Novak *et al.*, 1998).

5.1.2.2. Le ruissellement

Lorsque l'intensité de la pluie est supérieure à la capacité d'infiltration, ou bien lorsque la capacité du sol à stocker l'eau est dépassée, il y a ruissellement d'eau à sa surface. A ce ruissellement de surface il faut ajouter le ruissellement hypodermique qui se produit dans les premiers centimètres du sol ou dans l'ensemble de la couche de labour, lorsque la conductivité latérale est plus importante que la conductivité verticale. Ce ruissellement est associé à une pente et favorisé par une réduction de la porosité de l'horizon B situé sous la couche de labour. Dans bien des situations les différents types de ruissellement coexistent.

Le ruissellement peut affecter une grande diversité de sols, toutefois il est peu probable sur des sols bien structurés reposant sur une roche mère filtrante (cas des rendzines sur calcaire karstique). Sa mise en place va dépendre des relations entre les conditions climatiques (pluviosité, gel-dégel) et les propriétés structurales du sol. Après un travail du sol, la couche de labour présente une structure fragmentaire favorable à l'infiltration (30-60 mm h^{-1}). Sous l'action de la pluie (ou du gel), les agrégats se désagrègent et les éléments constitutifs se repositionnent et conduisent au colmatage, le sol s'affaisse avec perte de la macroporosité. La réorganisation des particules sur place ou après transport peut conduire à la formation d'une "croûte de battance" qui réduit considérablement la capacité d'infiltration de l'eau (Boiffin *et al.*, 1986).

La mise en place du ruissellement, s'accompagne le plus souvent d'un phénomène d'érosion du sol. Les formes prises par l'érosion vont varier suivant l'organisation de l'eau à la surface du sol et l'énergie qu'elle acquiert (Mosimann *et al.*, 1991). Plusieurs tonnes de terre peuvent ainsi être transportées hors de la parcelle. L'importance du phénomène varie selon la pluie (intensité, durée), le sol (état de surface, stabilité structurale, état d'humidité lié aux précipitations antérieures), la pente, la surface de la parcelle et le couvert végétal.

Dans ce contexte le transport des pesticides par ruissellement peut se faire soit à l'état soluble, soit sous forme adsorbée aux particules de sol érodées. Si les pesticides mobilisés à partir des surfaces des végétaux traités parviennent dans les eaux de ruissellement sous forme soluble, par contre la mobilisation de ceux présents à la surface du sol suppose la mise en œuvre de différents mécanismes (Ahuja et Lehman, 1983 ; Ahuja, 1986) : la désorption, la diffusion, la turbulence (qui favorise les échanges entre la solution du sol et l'eau mobile), la dissolution et l'érosion. L'épaisseur de sol affectée par ces mécanismes varie en fonction des caractéristiques du ruissellement (Lecomte, 1999).

Ainsi, les quantités de pesticide transférées dépendent de divers facteurs relatifs aux propriétés physico-chimiques des produits et du sol (polarité, solubilité dans l'eau du pesticide, Kd, Kfd, ...), mais également de la manière dont se développe le ruissellement (Klöppel *et al.*, 1994), elle-même dépendante des propriétés physiques du sol, du travail du sol, des caractéristiques de la pluviométrie et du couvert végétal. La plupart de ces paramètres sont évolutifs. Il est difficile de cerner à tout instant leurs interactions et les dosages de résidus dans l'eau sous conditions naturelles à l'échelle de la parcelle n'en donnent que la résultante.

5.2. Dissipation par formation de résidus non extractibles

La notion de dissipation et le suivi de sa dynamique est tributaire de l'échantillonnage et des capacités analytiques qui englobent la performance à l'extraction et la limite de quantification. Toutefois, par l'utilisation de pesticides marqués au ^{14}C, dès les années 1970, il a été mis en évidence qu'une part de la radioactivité portée par le pesticide devenait progressivement non extractible. Naissait alors la notion de "résidus liés", définis en 1975 par l'U.S. Environmental Protection Agency de la manière suivante : "Résidus de pesticides non extractibles par les solvants organiques, non identifiables chimiquement et qui restent dans le sol, après extraction exhaustive, au sein des fractions : acides fulviques, acides humiques et humine".

A l'heure actuelle, les chercheurs se sont accordés pour substituer à l'expression "résidus liés" celle de "résidus non extractibles" qui englobe les résidus véritablement liés aux constituants du sol par des liaisons stables et ceux que l'on peut supposer être retenus par des liaisons réversibles de faible énergie, mais qui, emprisonnés dans la matrice du sol, sont devenus non accessibles aux solvants d'extraction. Ainsi, il faut noter que les résultats de l'évaluation des résidus non extractibles peuvent varier suivant la procédure d'extraction adoptée.

Les travaux menés avec des produits de nature chimique diverse tendent à montrer que ce phénomène intéresse toutes les familles chimiques et plus généralement, tous les produits phytosanitaires (Schiavon *et al.*, 1978 ; Capriel *et al.*, 1985 ; Winkelman et Klaine, 1991). L'ampleur du phénomène dépend de la réactivité chimique de la matière active et de ses produits de transformation (Scheunert *et al.*, 1985, 1991).

La formation de résidus non extractibles intervient très rapidement après application des produits au sol. Cependant, l'intensité du phénomène et sa dynamique dépendent de divers facteurs biologiques ou abiotiques : concentration en pesticide dans le milieu, température d'incubation, temps de contact pesticide-sol, activité biologique, teneur en matière organique du sol et conditions d'incubation [laboratoire ou plein champ] (Schiavon *et al.*, 1990).

La formation de résidus non extractibles dépend certes de l'activité biologique, mais des processus physico-chimiques sont également impliqués (Ebing et Schuphan, 1979 ; Dakhel, 2001).

L'extraction des composés humiques par des réactifs alcalins, après épuisement du sol en résidus libres, montre qu'une part importante de la radioactivité portée par le pesticide se trouve associée aux différentes fractions de la matière organique : acides humiques, acides fulviques et humine (Barriuso *et al.*, 2000). Toutefois, différents travaux ont montré que le pourcentage de résidus non extractibles associés à chacune des fractions de la matière organique évolue rapidement. Au cours du temps, on observe une diminution du pourcentage de résidus fixés sur les acides fulviques au profit de fractions plus humifiées (Schiavon *et al.*, 1978).

Si la plupart des travaux mettent en évidence le rôle majeur de la matière organique dans la formation de résidus non extractibles, d'autres ont montré que la fraction minérale peut également participer à ce processus. En effet, certains chercheurs émettent l'hypothèse d'une migration des pesticides dans les espaces interlamellaires des argiles gonflantes (Capriel *et al.*, 1985).

Dans une nouvelle définition, publiée en 1984, l'International Union of Pure and Applied Chemistry (IUPAC) considère que doivent être exclus de la fraction "résidus non extractibles" les fragments de molécule pesticide recyclés par des voies métaboliques et conduisant à des produits naturels. Or, l'évaluation de la radioactivité non extractible ne rend pas compte de l'importance de ces résidus ; elle indique simplement une limite maximale possible. Il est donc nécessaire d'identifier la part de cette radioactivité qui revient à la molécule mère et/ou à ses métabolites par rapport à la radioactivité mesurée. Différentes approches sont possibles : soit l'utilisation de techniques spectrométriques non destructives (Dec *et al.*, 1997a ; Benoit et Preston, 2000), soit la libération de ces résidus et leur identification (Khan et Ivarson, 1981 ; Andrea *et al*, 1994 ; Loiseau et Barriuso, 2002), soit l'utilisation de modèles de synthèse de composés humiques réalisée en présence du pesticide (Mathur et Morley, 1978).

La synthèse de modèles humiques en présence du pesticide ou de ses métabolites, permet d'examiner en conditions abiotiques, les possibilités d'incorporation des résidus en fonction de leur nature chimique. Grâce à cette approche, il a été possible de montrer que l'atrazine pouvait se lier d'une manière stable aux macromolécules humiques, mais le taux de formation de résidus liés est bien plus important pour ses métabolites chlorés alors qu'il est très réduit avec l'hydroxyatrazine (Andreux *et al.*, 1992). Ainsi, il semblerait que certains produits se lient aux constituants du sol de manière irréversible sans aucune transformation préalable, alors que d'autres doivent subir une dégradation qui les conduit à une forme plus réactive. Les résidus liés contractent avec le complexe organo-minéral des liaisons dont la nature exacte reste hypothétique. Le fait que les résidus non extractibles résistent aux extractions par des solvants organiques ou par échanges d'ions, mais soient sensibles aux hydrolyses acides et alcalines, suggère à certains chercheurs l'existence d'une liaison de covalence. Pour d'autres, par contre, ces résidus ne seraient que très fortement adsorbés, dans la mesure ou les hydrolyses acide ou alcaline conduisent à la libération de résidus significativement différentes (Saxena et Bartha, 1983).

Une autre hypothèse est également avancée. Ces résidus pourraient être, du moins pour partie, emprisonnés au sein du réseau tridimensionnel des macromolécules humiques. Ceci expliquerait les fortes libérations de résidus non extractibles induites simplement par des alternances de dessiccations et d'humectations qui sont à l'origine de réarrangements de la matière organique humifiée du sol (Schiavon *et al.*, 1990).

En fait, l'analyse de l'ensemble des travaux permet de penser que la formation de résidus non extractibles semble dépendre de processus différents suivant les espèces chimiques mises en jeu et les conditions de milieu. En effet, au sein de la fraction "résidus non extractibles" coexistent une partie stabilisée et une partie susceptible d'être libérée par l'intervention de phénomènes physiques ou biologiques (Khan, 1982 ; Schiavon *et al.*, 1990 ; Novak *et al.*, 1998). L'existence d'une possibilité de libération des résidus non extractibles constitue une préoccupation importante, en particulier par rapport à sa contribution à la pollution diffuse des eaux. Un travail considérable reste à faire pour identifier et quantifier ces résidus et les processus prédominants qui conditionnent leur formation et leur libération, probablement variables en fonction du produit phytosanitaire considéré.

A l'heure actuelle, les connaissances bien qu'importantes sont fragmentaires. Pour quelques produits, nous disposons surtout d'informations portant sur leur dynamique de formation de résidus non extractibles, alors que les aspects : nature, disponibilité et conséquences pour l'environnement sont bien moins clairs.

6. Mobilité et transfert du glyphosate

6.1. Volatilisation

Comme tous les produits phytosanitaires, le glyphosate, malgré ses faibles constante de Henry (4,27 10^{-9} Pa m^3) et de tension de vapeur (7,56 10^{-3} mPa à 25 °C) est susceptible de passer dans la phase gazeuse lors de la pulvérisation, mais non tellement par vaporisation mais du fait du phénomène de dérive des microgouttelettes les plus fine (Couture et al., 1995). Cependant aucune étude ne fait référence à sa présence dans l'air par volatilisation stricte.

6.2. Mobilité

Hormis les nombreux résultats rapportés ci-dessous indiquant la présence de glyphosate dans les eaux de surface et démontrant sa mobilité ainsi que celle de son métabolite : l'AMPA, très peu de travaux sont consacrés à la caractérisation de ce phénomène. On soulignera que ces observations paraissent en contradiction avec les caractéristiques de ce produit. En effet, sa forte adsorption et de sa faible désorption associées à sa rapide dégradation font que la mobilité de cette substance sous forme soluble devrait être très faible. Les travaux effectués par Aamand et Jacobsen (2001) ont montré que seulement 10 % du glyphosate adsorbé était libéré vers la phase aqueuse. De plus, malgré la forte adsorption sur la phase particulaire du sol, De Jonge et De Jonge (1999) estiment que son transfert associé aux particules de sol est probablement faible. Il dépendrait essentiellement des conditions pédoclimatiques. Ceci tendrait à indiquer que la pollution de l'eau observée serait due non pas au caractère particulièrement polluant du produit mais à sa surconsommation et ou à sa mauvaise utilisation par rapport aux conditions climatiques.

6.2.1. Mouvement dans le sol

Même si en théorie la mobilité du glyphosate devrait être limitée compte tenu de sa forte adsorption, les travaux relatifs à son mouvement dans le sol fournissent des résultats variables en fonction de la nature des sols. Dans une expérience menée en Finlande pendant 2 ans sur 2 sols à betteraves, l'un sablo-limoneux et l'autre argileux, Laitinen et al. (2006) observent un transfert de résidus (glyphosate et AMPA) vers la profondeur spécifique à chaque sol et influencé par la pluviométrie. Dans les deux sols suivis, des résidus ont été observés jusqu'au niveau 50-70 cm   (tableau 1.3). Ils soulignent également que la progression des résidus vers la profondeur des sols n'est pas corrélée au Kf et que l'herbicide migre par des voies préférentielles, probablement avec les colloïdes et particules sol. Mais des observations faites en période sèche (juin 1999) conduisent les auteurs à penser que la présence de résidus en profondeur à cette date serait due à une excrétion par les racines des plantes. Cependant, Mamy et Barriuso (2005) indiquent que la mobilité du glyphosate diminue avec la profondeur et que sa concentration dans la solution du sol est de l'ordre de celle de la trifluraline, même à fortes doses d'application.

Tableau 1.3. Evolution des résidus de glyphosate et d'AMPA (en mg/Kg) dans un sol sablolimoneux au cours du temps. (données extraites de Laitinen *et al.*, 2006)

		1999							2000							2001
Dates		Mai 11	juin 10	juin 21	jult 1	jult 1	Jult 28	nov 19	Mai 9	juin 4	juin 6	juin 27	jult 11	août 10	sep 13	Juin 5
cm		*T1 720 g			T2 720 g				T3 720			T4 720	T5 720			
0-3	G	-	1,95	1,18	1,22	2,06	1,19	0,13	<0,05	0,08				0,46	0,87	<0,05	0,11
	A	-	0,08	0,04	0,08	0,08	0,24	0,08	<0,02	0,04				0,12	0,16	<0,02	0,09
3-8	G	0,14		0,06	0,19		0,05	0,13	<0,05	0,08				0,29	0,19	<0,05	0,11
	A	0,12		<0,02	0,09		0,07	0,08	<0,02	0,04				0,09	0,12	<0,02	0,09
8-28	G				0,12		0,05	0,13	<0,05	0,08				0,16	0,19	<0,05	0,11
	A				0,10		0,08	0,08	<0,02	0,04				0,1	0,17	<0,02	0,09
28-50	G						0,05	<0,05						<0,05	<0,05	0,17	<0,05
	A						0,03	<0,02						<0,02	<0,02	<0,02	<0,02
50-70	G							<0,05								<0,05	
	A							<0,02								<0,02	

*T : traitements en g ha^{-1} de matière active ; G : glyphosate ; A : AMPA

6.2.2. Le ruissellement

Malgré les données concernant l'adsorption/désorption en faveur d'une faible mobilité du glyphosate, Le Godec *et al.* (2000) présentent des résultats, pour un dispositif situé en Bretagne (site de Pacé, Le Mail du champ du Ragel), indiquant des concentration extrêmement élevée dans les eaux de ruissellement obtenues juste après l'application du glyphosate : 2588,9 µg/l en zone imperméable et 749,16 en zone perméable. De même, Domange (2005) montre que la concentration en glyphosate des eaux de ruissellement analysées juste après le traitement sur le site expérimental de Rouffach, (Haut Rhin - France) peut atteindre des valeurs de l'ordre de 10 000 µg/l. Comme pour le site de Pacé, cette concentration suit une décroissance exponentielle à partir de la date de traitement et conduit à des valeurs de 100 et 30 µg/l aux temps 80 et 100 jours après le traitement en Alsace tandis que sur le site de Pacé, elles sont, après 3 mois, de 2,7 µg/l en zone imperméable et de 18,2 µg/l en zone perméable. Considérées en terme de flux, les exportations de Pacé représentent 19,5 % de la dose appliquée sur zone imperméable et 25,7 % sur zone perméable.

Cependant, dans une étude au champ, Edwards *et al.* (1980) montrent que moins de 1% du glyphosate appliqué se trouvait dans les eaux de ruissellement à la suite d'un premier orage suivant un traitement à la dose de 1,12 ou 3,36 kg ha^{-1} de matière active. Dans ces conditions, l'absence de glyphosate dans les eaux de ruissellement était observée deux mois après le traitement. Pour un traitement anormalement élevé (8.96 kg ha^{-1} de m.a.), ils observent 1,85 % du glyphosate appliqué et ce, principalement après le premier orage survenu 24 heures après le traitement. Dans ce cas, le glyphosate était détecté dans les eaux de ruissellement jusqu'à quatre mois après le traitement. Dans une étude menée sous climat boréal, sur une parcelle de 3000 m^2 de sol sablo-limoneux, non labouré et sans culture (pH : 5,2 ; carbone : 7,9 % ; Roundup Bio appliqué le 8 juillet à 0,072 g m^{-2} m.a.) avec une pente de 1 %, Siimes *et al.* (2006) observent des pertes par ruissellement de 0,131 % en 300 jours de suivi dont 0,124 au printemps-été. Les concentrations en glyphosate ont atteint 4,8 µg l^{-1} après application (26 juillet) et 1,36 µg l^{-1} le 19 août. Du glyphosate a pu être dosé jusqu'au 5 mai de l'année suivante à la concentration de 0,08 µg l^{-1}. Cependant en milieu naturel, Doliner (1991) considère que les averses qui se produisent 24 heures après le traitement ne causent probablement aucun mouvement appréciable du glyphosate sous forme soluble lorsqu'il est appliqué aux doses recommandées par le fabricant.

Dans un contexte urbain et en particulier sur des surface recouverte d'asphalte, un fort entraînement par ruissellement a été observé par Spanoghe *et al.* (2005) alors qu'il n'est que minime sur des surfaces bétonnées ou sur le sol.

6.2.3. Le lessivage

Même si Laitinen *et al.* (2006) considèrent qu'aucun risque potentiel de contamination des nappes n'est avéré, tout comme pour les eaux de ruissellement, de très fortes concentrations en glyphosate sont rapportées pour les eaux de percolation. Dans un suivi de la solution du sol à l'aide de bougies poreuses placées à une profondeur de 120 cm, Domange (2005) montre des concentrations en glyphosate atteignant 90 µg L^{-1} pour des analyses effectuées 6 jours après le traitement.

En colonnes de sol non perturbé de 20 cm de diamètre et 20 cm de hauteur (couche de labour) De Jonge *et al.* (2000) observent également des concentration en glyphosate élevées dans les premières eaux de percolation : 850 µg L^{-1} pour un sol limono-sableux et 35 µg L^{-1} pour un sol sableux dépourvu de macroporosité. Le rôle du pH et de la teneur en phosphore est apparu sans importance, par contre le transport colloïdal intervenait pour 1 à 27 % dans le sol sablo-limoneux contre 1 à 57 % pour le sol sableux, indiquant la possibilité d'un transport sous forme adsorbée.

Fomsgaard *et al.* (2003) ont étudié le transfert du glyphosate et son métabolite AMPA sous conditions climatiques de plein champ au Danemark, durant deux ans dans quatre lysimètres, dont deux provenant d'un champ rarement labouré, les autres provenant d'un champ labouré régulièrement. Dans tous les cas le sol était sablo-limoneux avec 13–14 % d'argile. La totalité du glyphosate appliqué dans chaque lysimètres était de 40 mg soit 0.8 kg de m.a. par ha. La totalité des produits percolés pour les deux premiers lysimètres était de 8,01 µg de glyphosate et 6,70 µg de AMPA. Mais la quantité exportée était bien plus élevée pour les lysimètres en labour régulier (12,20 µg de glyphosate et 8,20 µg de AMPA). La moyenne annuelle des concentrations de glyphosate et/ou d'AMPA transférés était significativement inférieure à 0,1 µg L^{-1} pour les deux sites. La majeure partie du glyphosate a été retrouvée dans les percolats de la deuxième année d'étude.

En complément à ces résultats, des études au laboratoire indiquent que le potentiel de lessivage du glyphosate est faible. Une étude réalisée par Doliner (1991) dans une colonne de sol traité avec du glyphosate marqué au ^{14}C a montré que le lessivage du glyphosate et de son principal métabolite (AMPA) représentait, 1 mois après application, moins de 1% de la quantité initiale appliquée. De même, les travaux de Dousset *et al.* (2004), faisant appel à des colonnes de sol non perturbé de 15 cm de diamètre et 20 cm de hauteur (couche de labour) tendent à présenter des exportations très faibles de glyphosate et ce, pour différents types de sol. Pour un sol sablo-limoneux le glyphosate n'est présent que dans le 5ème percolat obtenu après 79 mm de précipitations. Après 130,25 mm de précipitations les exportations s'élèvent à 0,01 % de la dose appliquée. De même, l'AMPA n'est détecté que dans le dernier percolat et représente 0,0012 % du glyphosate appliqué (1,5 kg ha^{-1} de matière active).

Dans un suivi du glyphosate et de l'AMPA au cours de 2 années dans les eaux de drainage d'un sol sableux et de 2 sols limoneux (drains à 1 m de profondeur), Kjaer *et al.* (2005), ont indiqué : 1) l'absence de résidus dans les eaux du sol sableux (en raison d'une forte adsorption), 2) des concentrations très faibles pour un des sols limoneux (inférieures à 0,05 $\mu g\ L^{-1}$; du fait de l'insuffisance de précipitations) et 3) des teneurs excédent 0,1 $\mu g\ L^{-1}$ pour le deuxième sol limoneux. Pour ce qui concerne l'AMPA, sa détection a été bien plus fréquente et s'est poursuivie sur une période supérieure à 1,5 années après le traitement. Ceci signifie, d'après les auteurs, une plus lente désorption et une plus faible dégradation de l'AMPA par rapport au glyphosate.

En conclusion, on notera un certain nombre de résultats apparemment divergents. Ceci est lié, le plus souvent, à des conditions expérimentales particulières ou à un manque d'informations sur les conditions pédoclimatiques d'expérimentation.

6.3. Rôle des plantes dans la dissipation

Les pesticides prélevés par les adventices retournent rapidement au sol à l'état plus ou moins transformé, lors de la mort de celles-ci (Grebil *et al.*, 2001).
Le glyphosate est principalement absorbé par le feuillage des plantes. Il est métabolisé par certaines espèces alors que d'autres le laissent totalement intact. Des études effectuées au Québec, dans des conditions réelles (1,5 kg i.a./ha), indiquent que le maximum de résidus de glyphosate se retrouve dans le feuillage du couvert supérieur et atteint une valeur moyenne de l'ordre de 500µg/g (poids frais) peu de temps après l'application (<12h). Une valeur maximum de 829 µg/g a été détectée dans le feuillage des framboisiers. Ces niveaux de résidus diminuent très rapidement la première semaine et de faibles quantités (de l'ordre de 1 µg/g) persistent jusqu'à la chute du feuillage. Pour les fruits sauvages, la concentration maximale de glyphosate a été mesurée chez les framboisiers (44,2 µg/g) ; elle diminue de moitié dans la deuxième semaine suivant le traitement (Couture, 1995).

6.4. Conclusion

L'examen de l'ensemble des travaux réalisés sur le glyphosate tend à indiquer que, parmi la grande majorité des autres herbicides, celui-ci se distingue par une forte rétention et une dégradation rapide. En conséquence sa mobilité est limitée tout comme sa persistance et ses possibilités de passage dans l'eau mobile et de dispersion dans l'environnement. Mais on note également de très fortes variations entre sols tant au niveau de l'adsorption, la désorption, la dégradation et la mobilité sans que les paramètres à l'origine de ces comportements particuliers soient identifiés. Enfin, on se trouve confrontés à une réalité qui est la pollution avérée de la ressource en eau, ce qui remet en cause l'impression générale émise précédemment.

En Lorraine, la ressource en eau de surface est contaminée par le glyphosate et l'AMPA. Il se pose donc la question de savoir qu'elle en est l'origine. Répondre à cette question, sans remettre en cause les pratiques agricoles, conduit à s'interroger sur les interactions entre le glyphosate et les grands types de sols agricoles lorrains pouvant être soumis à des traitements par ce produit. Arès avoir choisi les 3 types de sol représentatifs de la région Lorraine, notre travail a porté dans un premier temps sur l'étude des interactions physico-chimiques rapides qui interviennent lors du processus d'adsorption/désorption. Il s'agissait, par ce travail d'évaluer quantitativement et qualitativement leur intensité et leur nature, et tenter d'identifier le ou les paramètres déterminants.

Si la rétention joue un rôle clé dans les possibilités de dégradation et de dispersion de l'herbicide, il est également connu que d'autres facteurs interviennent (activité microbienne des sols, structure chimique de la molécule, propriétés hydrodynamiques des sols, effet de vieillissement, ...). Nous avons donc abordé l'étude de la dégradation en condition contrôlées (incubation) afin de préciser la persistance du produit et sa stabilisation dans le sol au cours du temps.

Dans un troisième temps, il était indispensable de confronter nos hypothèses et conclusions formulées à partir de résultats obtenus en conditions contrôlées, à ceux obtenus en conditions naturelles, prenant en compte les variations de comportement de la molécule suivant les conditions climatiques et les propriétés physiques (hydrodynamiques) naturelles des sols. Pour cela une étude couplée de la dégradation, de la stabilisation et du lessivage a été entreprise en faisant appel à des micro colonnes de sol à structure non perturbée.

Chapitre 2 : Etude expérimentale de l'adsorption et de la désorption du glyphosate

1. Introduction

La **rétention** des pesticides par les sols est un processus qui immobilise plus ou moins longtemps ces molécules ou leurs produits de transformation (Calvet *et al.*, 2005). Cette rétention est le résultat global d'un ensemble de phénomènes, impliquant des interactions avec les constituants organiques et minéraux des sols. La rétention renvoie prioritairement au processus d'**adsorption**, mais prend également en compte le processus de **diffusion** du produit à l'intérieur d'espaces de faible taille (porosité intra agrégats du sol) occupés par l'eau immobile ainsi que la **biosorption** par les organismes vivants (plantes, microorganismes). La rétention contrôle la dégradation qui elle-même modifiera par la suite l'adsorption. Elle influe donc fortement sur la dispersion des composés chimiques dans l'environnement, vers l'atmosphère et les eaux (Koskinen et Harper, 1990 ; Hasset et Banwart, 1989).

L'étude des phénomènes d'**adsorption**, correspondant à l'accumulation par attraction d'un soluté au niveau de l'interface sol-eau et de **désorption**, phénomène inverse (Jamet, 1979) constitue un aspect primordial pour comprendre le comportement d'un pesticide dans le sol et estimer sa disponibilité pour l'eau (Calvet *et al.*, 1980; Calvet 1989). Les connaissances en ce domaine sont également essentielles tant au niveau agronomique qu'environnemental. D'un point de vue agronomique, c'est la concentration en matière active de la solution du sol qui détermine son activité phytotoxique (Peter et Weber, 1985). Dans le cas du glyphosate, son action principalement foliaire et son absence de phytotoxicité pour les plantes en place non touchées par la pulvérisation ou les plantules issues de semis sur un sol ayant reçu l'herbicide, sont liées apparemment à sa forte adsorption et seuls des surdosages sont susceptibles de conduire à une action phytotoxique.

D'un point de vue environnemental, la rétention est d'une importance capitale car elle affecte tous les autres processus qui conditionnent le devenir de l'herbicide (Jamet, 1979): passage dans la solution du sol, dégradation, transfert et contamination de la ressource en eau tant au niveau quantitatif que qualitatif. On peut considérer l'adsorption comme écologiquement intéressante puisque elle maintient l'herbicide au sein du sol. Cependant, suite à l'adsorption, le sol constitue un réservoir de résidus qui seront très progressivement libérés dans la solution du sol et pouvant générer une pollution diffuse, en particulier si la molécule est résistante à la dégradation.

L'adsorption du glyphosate par le sol a été étudiée, apparemment pour la première fois, par Sprankle *et al.* vers 1975. Depuis, de nombreux travaux lui ont été consacrés et les résultats montrent i) une adsorption intense du glyphosate mais aussi ii) une grande variabilité (Kf compris entre 8-377 l/kg suivant les sols, WHO, 1994). Au delà de l'aspect quantitatif ces travaux soulignent également la possible intervention de liaisons de forte énergie telles que ionique, de coordination ou hydrogène. Ces résultats laissent présupposer d'une faible concentration en glyphosate dans la solution du sol. Ceci explique peut-être aussi le nombre limité de travaux concernant la désorption de cet herbicide. Pourtant, la désorption rend compte, non seulement de la réversibilité des liaisons mais également de l'accessibilité à l'eau (ou aux réactifs d'extraction) des molécules adsorbées (Schiavon, 1980) et donc d'une appréciation plus réaliste des possibilités de dispersion du glyphosate.

Dans ce contexte, de manière à estimer la disponibilité de cet herbicide à la dégradation par les microorganismes, au transfert par l'eau et donc à la dispersion, nous avons caractérisé le processus d'adsorption/désorption du glyphosate pour 3 sols agricoles aux caractéristiques bio- physico-chimiques contrastées, représentatifs de sols mis en culture. Ultérieurement, ces résultats devraient nous permettre également d'éclairer les possibilités de transfert et de dispersion du glyphosate dans ces trois types de sol sous conditions climatiques lorraines.

2. Matériel et Méthodes

2. 1. Les sols sélectionnés

Le glyphosate est essentiellement utilisé pour le « nettoyage » des parcelles avant leur mise en culture. Trois sols agricoles représentatifs de la région lorraine (54-France) mais aussi des sols mis en culture ont été choisis pour réaliser cette étude : un sol brun lessivé, limono-argileux, une rendzine brunifiée, argilo-limoneuse et un sol brun alluvial marmorisé, sablo-limoneux. Ces sols ont été sélectionnés sur la base de leur texture, leur pH, leur teneur en fer et aluminium. Les caractéristiques physico-chimiques des sols sont données dans le tableau 2.1.

2.2. Produit phytosanitaire

Les expérimentations sont réalisés avec du glyphosate marqué au ^{14}C sur le carbone du groupe phosphonométhyl (ARC-ISOBIO, Belgique ; pureté 99 % ; radioactivité spécifique 55 mCi/mmol). Du glyphosate pur, non marqué, a été utilisé pour effectuer des dilutions isotopiques (CIL Cluzeau, France; pureté 98.5 %).

Tableau 2. 1. Caractéristiques physico-chimiques de l'horizon 0-30 cm des sols utilisés pour l'ensemble des études présentées (analyse réalisées en 2004).

Sols	[a]Granulométrie % A	L	S	[b]CO %	C/N	pH eau	[c]P$_2$O$_5$ (g.Kg^{-1})	P$_2$O$_5$ total (g Kg^{-1})	[d]Fe éch (cmol Kg^{-1})	Fe oxydes (g Kg^{-1})	[e]Fe amor (g Kg^{-1})	Fe total (g Kg^{-1})	[f]Ca éch (cmol Kg^{-1})	Ca total (g Kg^{-1})	[g]Al éch (cmol Kg^{-1})	Al total (g Kg^{-1})	Cu total (g Kg^{-1})	[h]Mn éch (cmol Kg^{-1})
Brun alluvial	10,5	30,2	59,3	0,82	9,9	5,1	0,05	1,24	0,006	9,73	2,89	15,9	0,9	1,84	0,74	41,20	7,89	0,15
Brun lessivé	30,6	53,2	16,2	1,45	9,6	6,3	0,11	3,24	0,009	40,05	8,52	53	11,3	4,11	0,06	54,80	29,80	1,39
Rendzine brunifiée	34,9	29,8	35,3	1,91	9,3	7,9	0,14	2,74	0,017	33,16	2,51	43,2	19,3	39,2	0,06	41,50	14,11	0,36

[a] Granulométrie : A : Argile, L : Limons, S : Sables ; [b] CO : Carbone organique ; [c] P$_2$O$_5$: Phosphore assimilable ; [d] Fe éch. : Fer échangeable ; [e] Fe amor. : Fer amorphe ; [f] Ca éch. : Calcium échangeable ; [g] Al éch. : Aluminium échangeable ; [h] Mn éch. : Manganése échangeable.

2.3. Réalisation des isothermes d'adsorption et de désorption

2.3.1. Préparation des sols

Les sols ont été séchés à l'air libre puis tamisés pour obtenir des échantillons homogènes standard comprenant des agrégats de taille comprise entre 0 et 2 mm. Des fractions de 2 g de sol sont prélevées pour réaliser la cinétique et les isothermes d'adsorption.

2.3.2. Solutions utilisés

Les solutions de glyphosate sont obtenues par dilution isotopique d'une solution aqueuse de glyphosate froid et marqué (phosphonométhyl-^{14}C) dans du $CaCl_2$ 0,01 M. Les concentrations en glyphosate retenues sont : 0 ; 0,73 ; 1,33 ; 3,13 ; 6,13 ; 12,13 ; 30,13 et 60,13 mg L^{-1}. Chacune des solutions présente une radioactivité de 146,5 Bq/ml.

2.3.3. Isothermes d'adsorption

Le temps de contact retenu pour réaliser les études d'adsorption est très variable dans la littérature. Il va de 2 h à 96 h suivant le type de sol et d'adsorbat (Alva et Singh, 1991; Kogan et al., 2003; Mamy et Barriuso, 2005; Piccolo et al.,1996; Sorensen et al., 2006). Dans notre cas, des tests préliminaires effectués avec les trois sols retenus pour cette étude ont montré que le glyphosate en solution est en équilibre apparent avec les sols après 2 h d'agitation. Le choix d'une durée d'agitation de 16 h, préconisée par la méthode normalisée OECD Guideline 106 (2000) relative aux expériences en « batch equilibration » de l'adsorption-désorption, semble donc appropriée dans la mesure ou aucune dégradation mesurable n'est observée en fin d'expérience.

Les isothermes d'adsorption sont réalisées avec 2 g de sol, séchés et tamisés à 2 mm, placé dans des tubes à centrifuger en plastique (Nalgène) auxquels sont ajoutés 10 ml de $CaCl_2$ 0,01 M. Trois répétitions sont réalisées pour chaque concentration testée. Après 1 h d'agitation rotative à 15 rpm en chambre thermostatée à 20 ℃, les tubes sont centrifugés à 3500 g pendant 15 min. Dans chaque tube, 8 ml de surnageant sont retirés et remplacés par 8 ml de solution aqueuse radioactive. Trois répétitions pour chaque concentration sont préparées. Après 16 h d'agitation à 20 ℃ à l'obscurité pour exclure toute photodégradation, une centrifugation permet de séparer le sol de la solution. Le dosage du glyphosate non adsorbé est effectué par mesure de la radioactivité résiduelle du surnageant. A cet effet, la radioactivité d'un ml de surnageant est comptée par scintillation liquide (Packard TriCarb 1900) en présence de 10 ml de scintillant Ultima-Gold (Packard) (2 répétitions). La quantité de glyphosate adsorbée par unité de masse d'adsorbant est évaluée par différence entre la radioactivité initiale apportée et la radioactivité dans la solution à l'équilibre.

2.3.4. Isothermes de désorption

La désorption est réalisée immédiatement à la suite des expérimentations d'adsorption de 16 h et pour les échantillons mis au contact des solutions à 0,73 et 30,13 mg.L^{-1} de glyphosate. Pour cela, 8 ml de surnageant sont remplacés par un volume identique de $CaCl_2$ 0,01 M. Les tubes sont replacés en agitation rotative pendant 16 h en chambre thermostatée à 20°C et à l'obscurité. Après centrifugation (3500 g pendant 15 min), la mesure de la radioactivité du surnageant est effectuée comme précédemment. Cette opération est renouvelée jusqu'à ce que la radioactivité du surnageant soit inférieure à deux fois celle du bruit de fond de l'appareil de mesure de la radioactivité, soit 1,7 Bq.mL^{-1}. La quantité de produit désorbé à chaque pas de désorption est calculée en tenant compte des reliquats laissés par les 2 mL de solution laissée dans les tubes en fin d'adsorption. Les quantités désorbées sont déterminées par différence entre les quantités initiales et finales en solution.

2.3.5. Résidus non désorbés

Après désorption, le sol est séché à l'air libre puis broyé finement. Une aliquote de 300 mg est alors mélangée à 150 mg de cellulose en vue d'une combustion à 900°C sous courant d'O_2 à l'aide d'un Oxidizer Packard 307, pendant 1,5 min. Le $^{14}CO_2$ formé est piégé par 10 ml de Carbosorb (Packard) puis la radioactivité est comptée en présence de 10 ml de Permafluor (Packard).

3. Résultats et discussion

3.1. Isothermes d'adsorption

Les isothermes d'adsorption du glyphosate obtenues avec chacun des sols sont représentées par la figure 2.1. On observe que modèle de Freundlich décrit parfaitement les données expérimentales avec un coefficient r^2 pour chacune des courbes de régression supérieur à 0,999 (tableau 2.2).

Suivant la classification des isothermes établie par Giles *et al.* (1960), l'adsorption du glyphosate est décrite par une isotherme de type C. En effet, nos résultats montrent des valeurs de n_f très proches de 1. La quantité adsorbée (mg Kg^{-1}) est directement proportionnelle à la concentration en glyphosate de la solution à l'équilibre (mg L^{-1}) ; du moins dans la gamme de concentrations utilisées pour la réalisation des isothermes d'adsorption. Seule la rendzine s'écarte légèrement de la linéarité. Pour chacun des sols étudiés, cette linéarité de l'isotherme tend à indiquer que le nombre de sites disponibles pour l'adsorption n'est pas limité et que leur accessibilité est aisée dans nos conditions de travail.

Par comparaison à un herbicide comme l'atrazine, les valeurs de K_f obtenues, montrent que le glyphosate interagit fortement avec les 3 sols et tout particulièrement avec les 2 sols acides que sont le sol brun alluvial (pH 5,1) et le sol brun lessivé (pH 6,3). Les valeurs de K_f pour ces 2 sols sont respectivement de 34,5 ± 0,18 et 33,6 ± 0,05. La rendzine, malgré ses fortes teneurs en matière organique, en argile et en fer sous différentes formes, présente un K_f de seulement 16,6 ± 0,07; certainement en raison de son pH basique qui conduit à la dissociation des groupements fonctionnels à caractère acide du sol et du glyphosate, réduisant ainsi la possibilité de liaisons hydrogène. Le pH apparaît ainsi, pour les 3 sols, comme un facteur prédominant dans l'adsorption du glyphosate.

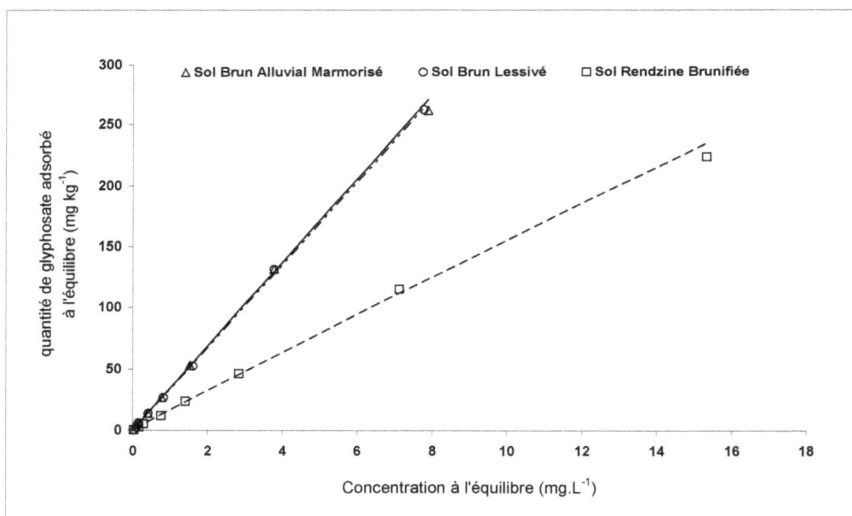

Figure 2. 1. Isothermes d'adsorption du glyphosate obtenues avec les 3 sols étudiés : sol brun lessivé, rendzine brunifiée et sol brun alluvial marmorisé (symboles : valeurs expérimentales ; Courbes : modèle de Freundlich). Ecart-type présents mais inférieurs à la taille des symboles.

Tableau 2. 2. Paramètres d'ajustement du modèle de Freundlich (Qads = Kf.Cenf) aux isothermes d'adsorption du glyphosate. Qads (mg.kg^{-1}) représente la quantité adsorbée sur la phase solide et Ce (mg.L^{-1}) la concentration à l'équilibre. Kf (mg^{1-nf}. Lnf. kg^{-1}) et nf sont les constantes empiriques de Freundlich.

Sols	k_f	n_f	r^2	•% adsorbé moy.
Brun alluvial	$34,5 \pm 0,18$	0,997	0,9996	$87,3 \pm 0,4$
Brun lessivé	$33,6 \pm 0,05$	1,004	0,9995	$87,0 \pm 0,5$
Rendzine	$16,6 \pm 0,07$	0 ,9995	0,9995	$76,8 \pm 1,3$

*K_{oc} = (K_f / % CO)*100, CO représente la teneur en carbone organique des sols en % du poids de sol ; •% adsorbé moy : adsorption moyenne en % de la dose appliquée.

Le calcul du K_{oc} ne se justifie pas pour cette molécule. En effet, contrairement à d'autres molécules neutres, apolaires ou faiblement polaires, il n'y a aucune relation directe entre l'adsorption du glyphosate et la teneur en matière organique des sols. Cependant, s'il n'y a pas de proportionnalité entre l'adsorption et la teneur en matière organique des sols, cela ne signifie pas que la matière organique n'intervient pas dans l'adsorption et en particulier par sa nature (richesse en groupements fonctionnels à caractère acides, état de dissociation, cations échangeables).

L'analyse en composante principale réalisée avec les différents paramètres dont nous disposions pour les 3 sols et les coefficient d'adsorption qui leurs sont associés permet de mettre en évidence quelques tendances. En effet, le tableau des valeurs de Pearson (Tableau en annexe 1) indique des corrélations significatives entre le Kf et la plus part des facteurs cités dans la littérature : Ca total (-1,00) > Fe échangeable (-0,98) > pH (-0,92) > Ca échangeable (-0,85) > carbone organique (-0,84) > Mn échangeable (-0,76) > argiles (-0,67). Il est cependant étrange, hormis pour le pH, que toutes ces corrélations significatives soient inverses (Figure 2.2). En d'autres termes cette ACP ne paraît pas satisfaisante par manque vraisemblablement d'une certaine diversité de sols testés. Pour mieux cerner les facteurs importants il serait peut-être judicieux d'utiliser une certaine diversité de sols à l'intérieur d'un même groupe, par exemple les sols basiques, neutres et/ou acides. Il est cependant manifeste que les argiles ou/et la matière organique, dans les cas étudiés, ne jouent pas un rôle essentiel contrairement aux observations faites par Piccolo (1994).

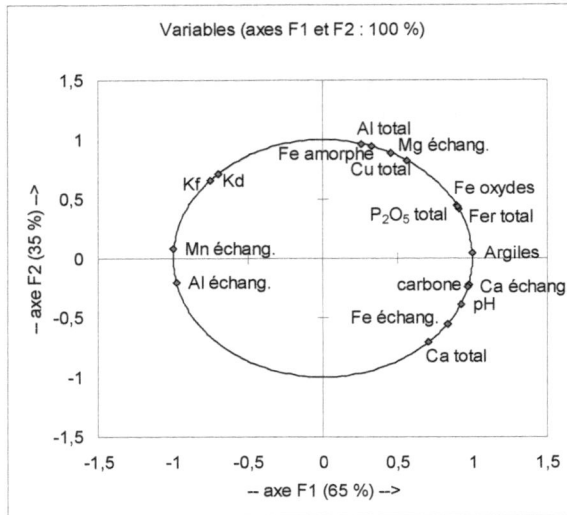

Figure 2. 2. Représentation dans le plan principal des paramètres liés aux sols et pouvant influer sur l'adsorption du glyphosate (Kf, Kd).

Par rapport aux données de la littérature, les valeurs de K_f obtenues sont assez faibles et comparables à celles présentées par Yu et Zhou (2004) pour des sols aux caractéristiques physico-chimiques proches des sols bruns que nous avons utilisé (K_f : 42,1 et 50,3). Travaillant avec quatre sols européen différents, Piccolo et al. (1994) mettent en évidence une plus grande variabilité du K_f. Les valeurs se situent alors entre 13,8-152,8.

Tout comme Gimsing et al. (2004) ou Kawate et Appleby (1987) nos résultats confirment de manière évidente le rôle du pH du sol sur l'adsorption du glyphosate. Kawate et Appleby (1987) ont montré en particulier qu'en augmentant le pH de deux sols sablo-limoneux différents, l'adsorption du glyphosate diminue significativement, la valeur de K_f du premier sol passe de 112 à 16 lorsque le pH passe de 5,7 à 8,4; et pour le deuxième sol la valeur de Kf passe de 23 à 6 lorsque le pH passe de pH de 5 à 7,9.

Les valeurs de n_f obtenues à partir de modèle de Freundlich pour les trois sols sont comprises entre 0,997-1,004 (n_f peu différent de 1). Elles traduisent une quasi-proportionnalité entre la quantité adsorbée (mg.kg^{-1}) et la concentration à l'équilibre (mg.L^{-1}). Cette linéarité n'est pas retrouvée dans la littérature exceptée chez Autio et al. (2004), qui travaillant avec 21 sols obtient des valeurs de n_f comprises entre 0,85 et 1,26. Par contre, nos valeurs s'écartent significativement de celles de Cheah et al. (1997), Mamy et Barriuso (2005), De Jonge et De Jonge (1999) ou de Glass (1987). Tous ces auteurs donnent des valeurs de nf comprises entre 0,46 et 0,88. Cette particularité pourrait être due au fait que nous avons travaillé avec des solutions à faibles concentrations en glyphosate et que de ce fait, les sites d'adsorption n'étaient pas un facteur limitant de l'adsorption, ni en nombre, ni en accessibilité.

3.1.1 Conclusion

Notre étude sur l'adsorption du glyphosate par trois sols agricoles de grandes cultures montre que cet herbicide a une forte affinité vis-à-vis des constituants du sol. Mais, cette adsorption est plus importante sur les deux sols bruns que sur la rendzine brunifiée. Le pH semble être le facteur qui prédomine dans la détermination de l'ampleur des interactions rapides herbicide-sol. Par contre, le rôle de la matière organique, des argiles et de la teneur des sols en oxydes métalliques et en phosphore n'est pas clair dans notre cas.

3.2 Isothermes de désorption

La désorption du glyphosate a été étudiée à l'aide d'échantillons soumis préalablement à l'adsorption en présence de 2 concentrations initiales en glyphosate différentes: 0,73 et 30,13 mg.L^{-1}. Les résultats obtenus sont représentés par les figures 2.3 (a et b). Le modèle de Freundlich modifié (Qads = $Qads_0$ – Kfd $(Ce_0 – Ce)^{nfd}$) décrit correctement les isothermes de désorption, tableaux 2.3 et 2.4.

Dans tous les cas, la désorption présente une très forte hystérèse. Cependant, lorsque la concentration initiale adsorbée augmente, le pourcentage désorbé augmente également très légèrement et, bien que minime, la différence est statistiquement significative au niveau des 3 sols (tableaux 2.3 et 2.4). Ceci conduit à penser que l'adsorption du glyphosate fait intervenir des interactions d'énergies différentes et que l'importance des sites de moindre énergie s'accroît lorsque les quantités adsorbées augmentent. On remarquera également que c'est pour le sol qui adsorbe le moins (rendzine) que la désorption est la plus aisée. Ces résultats sont en accord avec ceux obtenus par Accinelli *et al.* (2005) qui ont montré que le comportement du glyphosate lors de la désorption dans deux sols (sablo-limoneux et sableux), change peu lorsque l'on augmente la concentration initiale adsorbée.

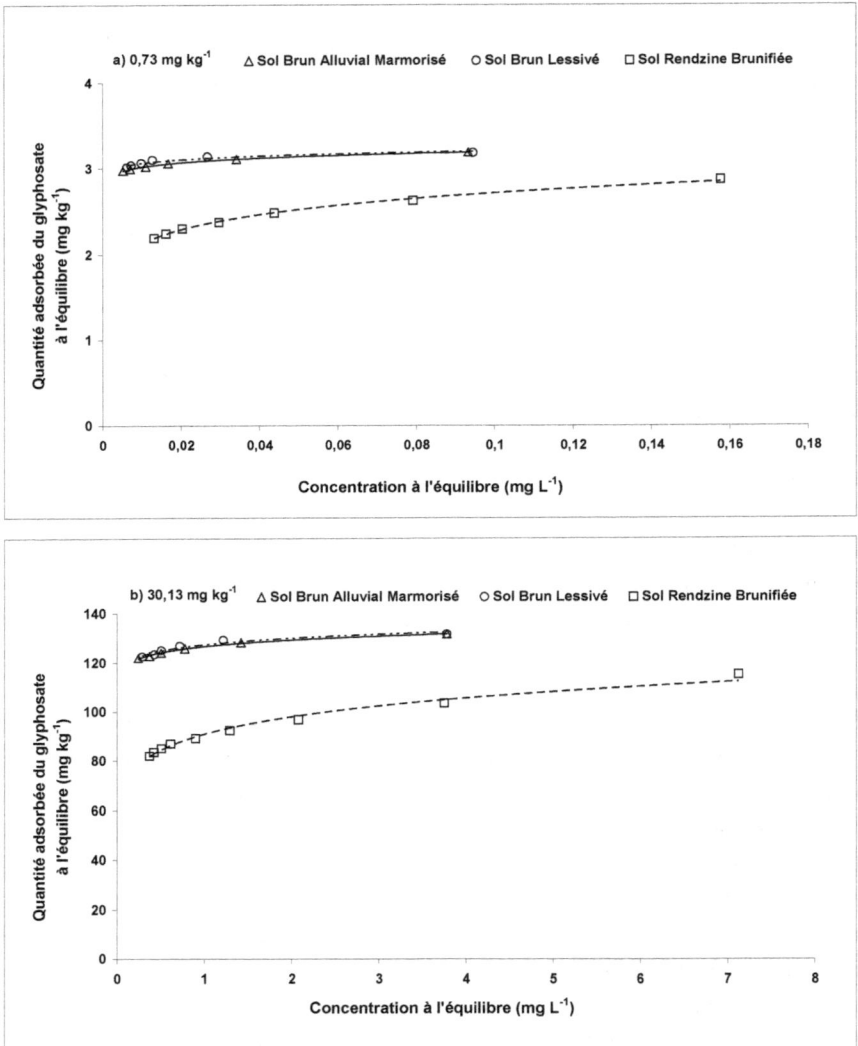

Figure 2. 3. Isothermes de désorption du glyphosate à partir des 3 sols par une solution de CaCl$_2$ à 0,01 M. **(a)** : concentration initiale à l'adsorption de 0,73 mg.L^{-1}, **(b)** 30,13 mg.L^{-1}

Tableau 2.3. Paramètres d'ajustement du modèle de Freundlich modifié (Qads = Qads0 – Kfd $(Ce_0 - Ce)^{nfd}$) aux isothermes de désorption du glyphosate pour les trois sols (concentration initiale en glyphosate de la solution : 0,73 mg.L^{-1}).

*Qdés : Quantité désorbable exprimée en pourcentage de la quantité initialement adsorbée.

Sols	k_{fd}	n_{fd}	r^2	$H=n_f/n_{fd}$	% Qdésorbé	*% RNE
Brun alluvial	3,4	0,024	0,998	41,5	6,6 ± 0,4	71,7
Brun lessivé	3,3	0,019	0,910	52,8	5,1 ± 0,3	64,4
Rendzine	3,4	0,104	0,997	9,4	23,3 ± 0,6	71,7

* RNE : résidus non extractibles à l'eau

Tableau 2.4. Paramètres d'ajustement du modèle de Freundlich modifié (Qads = Qads$_0$ – Kfd $(Ce_0 - Ce)^{nfd}$) aux isothermes de désorption du glyphosate pour les trois sols (concentration initiale en glyphosate de la solution : 30,13 mg.L^{-1}).

Sols	k_{fd}	n_{fd}	r^2	$H=n_f/n_{fd}$	% Qdésorbé	*% RNE
Brun alluvial	126,9	0,029	0,995	34,4	7,4 ± 0,2	55,2
Brun lessivé	127,6	0,029	0,945	34,6	6,9 ± 0,3	30,0
Rendzine	91,0	0,107	0,985	9,1	28,6 ± 0,5	71,7

* RNE : résidus non extractibles à l'eau

Les pourcentages désorbés sont faibles. Ils représentent au total en 5 désorption successives 5,1 à 6,9 % pour le sol brun lessivé, 6,6 à 7,4 pour le sol brun alluvial marmorisé et 23,3 à 28,6 pour la rendzine brunifiée. Ceci indique la mise en place de liaisons de forte énergie en particulier pour les sols acides. Par rapport à d'autres herbicides, la rétention du glyphosate sur ces mêmes sols est bien plus forte que celle de l'isoproturon (Boivin *et al*, 2005) ou l'atrazine (Novak, 1995) ; ces matières actives étant désorbées, dans les mêmes conditions et pour ces mêmes sols, à plus de 80 %.

Nos résultats sont en accord avec ceux de Prata *et al*. (2003) qui montrent que le pourcentage du glyphosate désorbé à partir de trois sols brésiliens est compris entre 0-10 % de la quantité adsorbé. La même observation a été notée par Aamand et Jacobsen (2001) qui, pour un sol argileux, obtient seulement 10 % de glyphosate désorbé par rapport à la quantité initiale adsorbée. En revanche, Piccolo *et al*. (1994) montrent pour quatre sols différents, un pourcentage de désorption du glyphosate bien plus élevé : 15 à 80 % suivant les caractéristiques des sols étudiés mais sans relation avec le pH.

On souligne cependant le comportement particulier du système rendzine-glyphosate pour lequel on observe à la fois par rapport aux 2 autres sols, une moindre adsorption et une plus forte désorption. Ce comportement est partiellement expliqué par Miles et Moye (1988) qui ont observé que la désorption du glyphosate augmente avec l'augmentation du pH des sols. Cela pourrait être dû au rôle prédominant joué par le Ca^{++} dans la liaison lors de l'adsorption.

Les valeurs du coefficient Kf_d qui représentent l'intensité de la désorption sont proches pour les 3 sols à faible concentration initiale adsorbée (0,73 mg.L^{-1}). Elles sont comprises entre 3,3-3,4. Lorsque la quantité de glyphosate préalablement adsorbée augmente à 30,13 mg.L^{-1} les valeurs du Kf_d restent proches pour les deux sols bruns (127,6 et 126,9 pour le sol brun lessivé et le sol brun alluvial marmorisé respectivement), tandis que le Kf_d obtenu pour la rendzine brunifiée n'est que de 91. Ces valeurs sont légèrement moins élevées que celles obtenues par De Jonge et De Jonge (1999) (Kfd compris entre 145-224 pour un sol sablo-limoneux). Par ailleurs, avec un sol sableux et un autre limoneux, De Jonge et al. (2001) obtiennent respectivement des valeurs de Kf_d de 246,7-458,0 et 239,7-465,2.

Les valeurs de coefficient d'hystérèse H=nf/nf_d (tableaux 2.3 et 2.4) qui traduisent la résistance à la désorption (plus H est grand plus la résistance à la désorption est grande) suivant la concentration initiale (0,73 et 30,13 mg.L^{-1}) sont de 9,4 et 9,1 pour la rendzine brunifiée; de 52,8 et 34,6 pour le sol brun lessivé et de 41,5 et 34,4 pour le sol brun alluvial marmorisé. La plus faible hystérèse est donc observée pour la rendzine qui est aussi le sol qui adsorbe le moins. Cette particularité a également été signalée par Sorensen et al. (2006), Accinelli et al. (2005) et Piccolo et al. (1994).

De manière à mieux comprendre la cinétique de désorption du glyphosate dans les trois sols étudiés, nous avons calculé le pourcentage des résidus non extractibles après la phase de désorption et pour les deux concentrations (0,73 et 30,13 mg.L^{-1}). Le pourcentage des résidus non-extractibles est moins élevé dans la rendzine brunifiée que pour les deux sols bruns (tableaux 2.3 et 2.4) suite à la désorption plus aisée du glyphosate de la rendzine brunifiée que de deux autres sols. Les bilans de radioactivité (% quantité désorbée + résidus non-extractibles) indiquent des déficits entre 0 et 63 % pour les trois sols. D'une manière générale, ces résultats de bilan ne sont pas satisfaisants. Ils montrent cependant, pour la rendzine une valeur de 100 % ce qui interdit d'envisager une minéralisation du produit en cours d'expérimentation car ce sol est de plus, le plus biologiquement actif. De même la volatilisation ne peut être mise en cause. Le défaut de bilan enregistré pour les 2 sols bruns est donc vraisemblablement dû à un problème technique (combustion incomplète) intervenu lors de la détermination des résidus non extractibles par combustion.

L'étude de la désorption du glyphosate à partir des trois sols choisis (après adsorption), nous a confirmé la difficulté de libérer cette molécule dans la solution de sols, notamment pour les deux sols bruns. Sa désorption est moins difficile avec la rendzine brunifiée. Le pH du sol semble être le facteur primordial influant sur l'ampleur de l'adsorption et sur la nature des liaisons avec les constituants du sol. Cette influence de la nature des liaisons peut également être observée lorsqu'on s'intéresse au rendement d'extraction de l'herbicide par un réactif tel que KH_2PO_4 (résultats présentés en annexe). Les résultats obtenus montrent que la performance de ce réactif suivant les sols ne suit pas le même ordre. Inversement à $CaCl_2$, le KH_2PO_4 est bien moins performant dans la rendzine que dans les 2 autres sols. Peut être en raison du pH ou de la surabondance de calcium et de la nature des liaisons glyphosate-sol mises en œuvre.

Enfin, l'utilisation de l'eau pure, pouvant être assimilée à l'eau de pluie , donne un classement des sols, en fonction des possibilités de désorption, identique à celui obtenu avec KH_2PO_4 mais fait apparaître une différence entre les 2 sols bruns : rendzine > sol brun alluvial marmorisé > sol brun lessivé. Ce classement pourrait correspondre à celui du potentiel de pollution de l'eau lorsque le glyphosate est appliqué sur ces sols.

4. Conclusion

L'adsorption du glyphosate par les trois sols étudiés, indépendamment de leurs caractéristiques physicochimiques, est représentée par des isothermes de type C qui caractérisent une répartition constante du soluté entre l'adsorbant et la phase liquide. Le glyphosate est fortement adsorbé dans le sol, cependant des différences notables sont observées. Ainsi, il est moins adsorbé par la rendzine brunifiée (pH=7,9) que par les sols brun lessivé (pH=6,3) ou brun alluvial marmorisé (pH=5,1). Nos résultats confirment l'effet du pH sur l'adsorption du glyphosate : l'adsorption diminue quand le pH des sols l'augmente. Par ailleurs, le pourcentage désorbé par $CaCl_2$ à partir d'un sol varie peu en fonction des quantités préalablement adsorbées (0,73 ou 30,13 mg.L-1), mais on note une grande différence entre la rendzine et les 2 sols bruns. Cette désorption par KH_2PO_4 moins aisée à partir de la rendzine brunifiée par rapport aux 2 autres sols pourrait être due à une surcharge en Ca. Ce cation pourrait cependant intervenir comme pont cationique majoritaire conduisant à des interactions de plus faible énergie que celles obtenues avec Fe ou Al ce qui expliquerait que dans la rendzine l'extraction à l'eau est plus efficace.

Sur le plan de l'évaluation du risque de contamination de la ressource en eau, il s'avère préférable d'estimer les résidus disponibles à partir d'une extraction à l'eau.

Mais ce potentiel de contamination de l'eau est également tributaire de la vitesse de dégradation de la matière active et surtout de sa minéralisation. Ce sont ces 2 aspects que nous avons abordés dans le chapitre qui suit.

Chapitre 3 : Dégradation et stabilisation du glyphosate dans le sol : étude expérimentale en conditions contrôlées

1. Introduction

Le glyphosate est un herbicide non sélectif utilisé en post levée en application foliaire. Néanmoins, lors du traitement, une fraction, suivant la couverture du sol, arrive directement au sol et l'essentiel de celle interceptée par les plantes y parviendra ultérieurement sous forme de pluvio-lessivats. Ainsi, au même titre que les produits appliqués directement sur le sol, le devenir du glyphosate est conditionné par ses interactions avec le sol. Lors de son arrivée sur le sol, une partie du produit est adsorbée par les constituants du sol, tandis que l'autre partie peut rester dans la solution du sol. En fonction de cette répartition, de la nature des surfaces adsorbantes mises en jeu, de l'activité biologique et des propriétés physico-chimiques, diverses réactions chimiques et/ou biochimiques peuvent intervenir et conduire à la transformation, voire à la minéralisation du pesticide (Grébil *et al.*, 2001).

La dégradation plus ou moins rapide du glyphosate présente la particularité de limiter sa participation à la pollution de l'environnement, et en particulier de la solution du sol et de la ressource en eau, et de laisser place à la pollution par l'AMPA et/ou la sarcosine. Seule la minéralisation conduit à la disparition effective de la matière active et s'oppose à toute contamination du milieu.

Par ailleurs, les interactions sol-produits phytosanitaires conduisent à la stabilisation d'une fraction plus ou moins importante de ces composés (glyphosate et métabolites) dans le sol, sous forme de résidus non extractibles, voire de résidus liés. Si la forme liée des résidus, faisant intervenir des liaisons chimiques de forte énergie, peut être considérée un processus conduisant à la perte d'identité chimique des résidus et à leur stabilisation définitive interdisant toute pollution ultérieure, par contre, la fraction des résidus non extractibles simplement piégés dans les espaces non accessibles aux solvants d'extraction conserve un potentiel polluant du milieu. Pour ces résidus il est important de préciser leur capacité de retourner sous forme disponible à la dégradation et à l'entraînement par l'eau.

L'étude de la dégradation et de la stabilisation du glyphosate dans le sol a fait l'objet de peu de travaux. Dans ce contexte, les objectifs de cette étude étaient i) d'examiner la dynamique de dégradation du glyphosate en conditions contrôlées dans trois types de sol aux propriétés physico-chimiques contrastées et ii) d'établir une relation entre la disponibilité à l'extraction et la dynamique de minéralisation. Pour cela, nous avons suivi simultanément la disponibilité à l'extraction par KH_2PO_4 et la minéralisation.

De manière à différencier l'effet du marquage au ^{14}C de la molécule sur les résultats de la minéralisation, nous avons utilisé la molécule marqué au ^{14}C : soit sur le méthyle du groupe phosphonométhyl, soit sur le carbone 2 de la glycine. Ce marquage au ^{14}C nous permet par ailleurs de réaliser un bilan par rapport la quantité initiale de produit apporté au sol à chaque étape du suivi (minéralisation, résidus extractibles et résidus non extractibles).

2. Matériel et méthodes

2.1. Les sols

Les sols retenus pour cette expérimentation sont ceux présentés au chapitre 2 (batch équilibration et transfert du glyphosate). Leurs caractéristiques physico-chimiques sont données au tableau 2.1. Nous ne mentionnerons ici que leur capacité de rétention (CR) en eau, mesurée à la presse à membrane à la pression de 3 bars. Les valeurs obtenues sont de 29,1% pour le sol brun alluvial marmorisé, 35,9 % pour le sol brun lessivé et 31,8% pour la rendzine brunifiée. Lors de l'incubation, en vue d'une bonne activité de la microflore, les sols seront humidifiés à 80 % de leur CR.

2.2. Préparation des sols

Après prélèvement, les sols sont séchés à l'air libre puis tamisés pour obtenir des échantillons homogènes d'agrégats de taille comprise entre 0 et 2 mm. Les agrégats obtenus sont placés par fraction de 25 g dans des cristallisoirs en verre de 6 cm de diamètre et 4 cm de hauteur. Trois répétitions ont été préparées pour chaque sol et pour chaque temps de prélèvement et pour chaque marquage de la molécule de glyphosate.

2.3. Traitement

Le sol contenu dans les différents cristallisoirs a été traité avec du glyphosate marqué au ^{14}C soit sur le carbone du groupe phosphonométhyl, soit sur le carbone 2 de la glycine (ARC-ISOBIO, Belgique ; pureté 99,5 % ; radioactivité spécifique 55 mCi/mmol) après dilution isotopique par du glyphosate froid en poudre, pureté 98,5 % (Dr. Ehrenstorfer GmbH). La quantité d'herbicide apportée, compte tenu de la surface du cristallisoir, correspond à la dose recommandée de 1800 g.ha^{-1}, sans prendre en compte la fraction retenue par les adventices. Le traitement est réalisé à l'aide d'une solution aqueuse. La radioactivité apportée par cristallisoir et pour les deux marquages de la molécule : glyphosate ^{14}C-phosphonométhyl et glyphosate ^{14}C-glycine est respectivement de 45,1 et 37,5 KBq pour chacun des sols. Le volume de solution apporté permet l'humidification du sol à 80% de la capacité de rétention au champ (CR).

2.4. Suivi de la dégradation

2.4.1. Dispositif expérimental

L'incubation est réalisée dans des enceintes hermétiques (bocal en verre de 1,5 litre), placées à l'obscurité, dans une salle thermostatée à 20 ± 1 °C. Le dispositif expérimental unitaire se compose d'une enceinte radiorespirométrique hermétique contenant : un cristallisoir dans lequel est placé l'échantillon de 25 g de sol, un flacon contenant 10 ml de soude (NaOH 0,5 M) servant de piège à CO_2, et un flacon contenant 10 ml d'eau distillée destiné à maintenir l'humidité ambiante dans l'enceinte hermétique. Le piège à CO_2 permet de fixer à la fois le CO_2 issu de la minéralisation de la matière organique du sol et le $^{14}CO_2$ provenant de la minéralisation du glyphosate marqué au ^{14}C.

Trois répétitions pour chaque temps de prélèvement sont préparées et 13 prélèvements ont été effectués au cours de l'incubation. Les prélèvements sont réalisés à 0, 1, 3, 5, 8, 12, 17, 22, 30, 40, 50, 65 et 80 jours après le traitement pour le sol brun alluvial marmorisé, et à 0, 1, 2, 3, 5, 8, 12, 17, 22, 30, 40, 65 et 80 jours pour les deux autres sols.

Photo 3.1. Dispositif des expérimentations en incubation.

2.4.2. Activité minéralisatrice du sol

À chaque date de prélèvement, la solution du piège à CO_2 (10 ml de la soude, NaOH 0,5 M) est remplacée, cela permet également de renouveler l'air au sein de l'enceinte hermétique. Les dégagements de CO_2 total (CO_2 et $^{14}CO_2$) sont mesurés individuellement pour chaque enceinte. La minéralisation de la molécule marquée au ^{14}C est déterminée par comptage de la radioactivité en scintillation liquide de 2 aliquotes de 1 ml de soude dans 10 ml de scintillant Ultima-Gold (Packard), à l'aide d'un compteur à scintillation Packard Tri-Carb 1900 CA, pendant 10 min.

La quantité totale de CO_2 produit par l'activité microbienne du sol est évaluée par titration en retour d'une aliquote de 8 ml de soude de l'enceinte radiorespirométrique, avec de l'acide chlorhydrique (HCl) 0,2 M, après addition de 3 ml d'une solution aqueuse de chlorure de baryum ($BaCl_2$) à 20% et de 3-5 gouttes de thymolphtaléine à 4% dans l'éthanol.

Le CO_2 total dégagé à partir de la terre des témoins (sol sans traitement phytosanitaire) et des échantillons radioactifs (sol + herbicide ^{14}C) est estimé en retranchant le CO_2 piégé dans les enceintes des « blancs » (sans sol, sans traitement) sur la même période.

2.4.3. Dosage des résidus dans le sol

2.4.3.1. Les résidus extractibles

2.4.3.1.1. Evaluation des résidus extractibles

Pour chaque type de sol et à chaque temps de prélèvement, trois enceintes radio-respirométriques et un témoin (sol non traité) sont prélevés pour chaque type de marquage de la molécule herbicide.

L'extraction du glyphosate est réalisée sur la totalité du sol incubé (25 g). Elle est effectuée en utilisant des flacons à centrifuger de 250 ml en PPCO (Nalgène) par 3 extractions successives (agitation rotative à 15 rpm) de 2 h avec 100 ml de dihydrogénophosphate de potassium (KH_2PO_4) 0,1 M. L'absence d'adsorption du glyphosate sur les flacons en PPCO (Nalgène) a été vérifiée par des essais préalables. Une centrifugation de 20 min à 4642 g et à 9 °C permet de récupérer la solution aqueuse à partir de laquelle, après ajustement du volume, 1 ml sera prélevé en vue d'un comptage de la radioactivité par scintillation liquide (Packard TriCarb 1900) en présence de 10 ml de scintillant Ultima-Gold (Packard). Chaque mesure est répétée 2 fois. La solution des surnageants successifs d'un même échantillon est filtrée à l'aide d'un papier filtre (Whatman 40 sans cendres) et récupérée dans un ballon à fond rond de 1000 ml puis placée au congélateur (à -30 °C) pendant 48 h en vue de sa lyophilisation. (lyophilisateur Edwards - Modulyo-RUA). Après lyophilisation, les résidus secs sont récupérés par 7 ml d'eau distillée et filtrés à 0,2 µm à l'aide de filtres Sartorius (Minisart RC 25). Les résidus récupérés sont stockés au congélateur (à -30 ℃) dans des flacons brun en verre en attendant d'effectuer la dérivation et l'analyse par HPLC.

2.4.3.1.2. Identification des résidus extractibles

- Dérivation des résidus de glyphosate

Pour pouvoir déterminer la nature des résidus extraits des sols par HPLC à la fois par fluorimétrie et scintillation liquide, il est indispensable de les dériver. Pour cela, nous avons adopté une méthode basée sur une dérivation (glyphosate et ses métabolites) par le Chlorure de Fmoc $C_{15}H_{11}ClO_2$ (FMOCCl) en milieu basique, suivie d'une analyse par chromatographie liquide sur phase polaire (NH_2) couplée à deux types de détection : fluorimétrique et radioactive. Cette procédure n'est pas applicable sur des extraits au (KH_2PO_4) 0,1 M car il est impossible de rectifier le pH. Elle a donc été appliquée seulement sur des extraits à l'eau distillée (résidus facilement extractibles) et pour les échantillons de sol traités par du glyphosate marqué au ^{14}C sur le groupe phosphonométhyl.

1- Réactifs de dérivation et solvants utilisés :
- Réactif de dérivation, Fmoc chloride ($C_{15}H_{11}ClO_2$) en poudre, pureté 99 % (Fluka)
- Tetraborate de sodium décahydrate ($B_4Na_2O_7$, $10H_2O$) en poudre, pureté 99,5 % (Fluka)
- Hydroxyde de potassium (KOH) en pastilles pour analyses, pureté 86 % (Fluka)
- Dihydrogénophosphate de potassium KH_2PO_4, pureté 99,5 % (Fluka)
- Acétonitrile (C_2H_3N) pour HPLC, pureté 99,9 % (SDS-France)
- Ether diethylique ($C_4H_{10}O$) pour HPLC, pureté 99,8 % (Fluka)
- Etalons de référence : Glyphosate en poudre, pureté 98,5 % (Dr. Ehrenstorfer GmbH) ; AMPA, 10 ng/µl dans l'eau (Dr. Ehrenstorfer GmbH) ; Sarcosine (N-méthylglycine) $C_3H_7NO_2$ en poudre, pureté 99 % (Fluka).

2- Procédure
Après la décongélation de l'échantillon, prélever une aliquote de 3 ml dans un flacon brun en verre (30 ml). Ajouter 0,5 ml de tampon borate 0,05 M et laisser reposer environ 15 minutes. Puis, ajouter environ 3 ml d'éther éthylique, agiter vigoureusement pendant 2 minutes et laisser décanter 15 minutes. Prélever 1,5 ml de la phase aqueuse et ajouter 0,25 ml d'acétonitrile. Ajouter ensuite 0,25 ml de la solution de réactif de dérivation dans l'acétonitrile (FMOCCl 1mg/ml). Laisser réagir 60 minutes à température ambiante. Ajouter environ 2 ml

d'éther éthylique et agiter pendant 2 minutes. Laisser reposer 1 heure puis transférer la phase aqueuse dans un vial de 2 ml pour analyse.

- Analyse des résidus de glyphosate

Après dérivation des résidus extraits des sols, leur analyse qualitative a été réalisée par Chromatographie Liquide Haute Performance (C.L.H.P) sur chromatographe (Varian 9012) équipé de :

- un passeur (Autosampler Varian ProStar 410)
- un détecteur de radioactivité ß (Radiomatic-PerkinElmer 610TR)
- un détecteur fluorimétrique (Varian ProStar 363)
- une colonne Lichrosorb-NH2, 5µm de 25 cm (CIL Cluzeau)
- Chauffage colonne (IGLOO-CIL Cluzeau)

La chromatographie a été réalisée dans les conditions suivantes :

- colonne Lichrosorb-NH$_2$, 5µm de 250 mm de longueur et 4 mm de diamètre (CIL Cluzeau) thermostatée à 30 °C
- longueur d'onde de détection fluorimétrique : λexc : 260 nm ; λemi : 310 nm
- volume injecté : 5, 25 ou 50 µl
- composition de l'éluant : KH$_2$PO$_4$ 0,05 M, pH 5,7 / Acétonitrile (70/30) (v/v)
- débit de l'éluant : 0,8 ml/min
- débit du scintillant de 1,2 ml.min^{-1} et ouverture de la fenêtre 0-156 Kev.
- volume de la cellule de comptage de radioactivité ß : 500 µl

Dans ces conditions, les temps de rétention des différents produits détectés sont :

- 4,2 min pour la sarcosine
- 6,6 min pour l'AMPA
- 13,3 min pour le glyphosate

2.4.3.2. Suivi des résidus non-extractibles (RNE)

Après les 3 extractions successives à l'eau ou au KH$_2$PO$_4$ 0,1 M, le sol de chaque échantillon est séché à l'air libre (sous la hotte) au laboratoire, puis broyé finement. Afin d'évaluer la quantité de résidus ^{14}C non extraite dans les échantillons et suivre leur évolution au cours du temps, une combustion est réalisée sur une aliquote de 300 mg de sol à laquelle sont ajoutés 150 mg de poudre de cellulose permettant la régulation de la combustion. La combustion est réalisée à l'aide d'un Oxidizer Packard 307, à 900°C pendant 1,5 min, sous flux d'O$_2$. La combustion d'un échantillon est réalisée sur deux aliquotes. Le ^{14}CO$_2$ dégagé lors de la combustion a été piégé par 10 ml de fixateur Carbo-Sorb E (Packard), auxquels sont ajoutés 10 ml de scintillant Permafluor (Packard) en vue du dosage de la radioactivité par scintillation liquide.

2.5. Traitement statistique des données

Le traitement statistique des résultats (analyse de variance) a été réalisé à l'aide du logiciel Statbox version 6.4.

3. Résultats et discussion

3.1. Minéralisation du glyphosate

3.1.1. Le carbone total

La biodégradation du glyphosate est tributaire de l'activité microbienne au sein des échantillons de sol. Le suivi du dégagement du CO_2 non radioactif est un bon indicateur pour mesurer l'activité microbienne totale du sol utilisé (figure 3.1). En conditions favorables de température, la réhumectaion du sol permet aux micro-organismes de retrouver très rapidement leur activité et de dégrader les substrats organiques présents.

A l'examen des résultats présentés dans la figure 3.1, on peut constater que, pour la première période d'incubation (de 0 à 12 jours) quelle que soit le marquage au ^{14}C et le type de sol, l'activité minéralisatrice des échantillons témoins et des échantillons essais présente une production intense de CO_2. Puis, l'activité minéralisatrice varie suivant le sol.

Pour le sol brun alluvial marmorisé (figure 3.1 (a)), la seconde phase est représentée par un ralentissement progressif en fonction du temps jusque 65 jours. Enfin, une troisième phase concerne une stabilisation de la production de CO_2 ; à partir de 65 jours jusqu'à la fin de l'incubation. Le carbone dégagé sous forme CO_2 représente près de 7,13; 7,51 et 8,32 % du carbone endogène du sol pour le sol traité avec de ^{14}C-glyphosate phosphonométhyl, ^{14}C-glyphosate glycine et le témoin respectivement. Globalement, la production de CO_2 par les échantillons témoin de sol brun alluvial marmorisé est du même ordre de grandeur que pour le sol traité avec du glyphosate quelle que soit le marquage au ^{14}C.

Pour les deux autres sols, sol brun lessivé et rendzine brunifiée, on peut constater seulement 2 phases de dégagement de CO_2, la première phase de production optimale de CO_2 comme on l'a déjà vu pour le sol brun alluvial marmorisé, puis la deuxième phase, à partir de 17 jours d'incubation, concerne un ralentissement progressif en fonction du temps jusqu'à la fin de l'expérimentation (80 jours) sans arriver à la phase de stabilisation de production de CO_2 comme dans le cas de sol brun alluvial marmorisé. Le ralentissement de l'activité biologique peut s'explique par la déshydratation progressive du sol au cours de l'incubation, bien que limitée par la présence d'un flacon d'eau distillée dans l'enceinte hermétique. Il est également possible que les substrats organiques, source de carbone et d'énergie s'épuisent progressivement.

Le pourcentage de carbone dégagé sous forme de CO_2 (exprimé par rapport au carbone endogène des 2 sols) par le sol brun lessivé et la rendzine brunifiée est moins important que pour le sol brun alluvial marmorisé. Il représente pour le sol brun lessivé suivant le traitement 4,57 % (glyphosate phosphonométhyl) ; 4,78 % (glyphosate glycine) et 5,06 % pour le sol non traité. Pour la rendzine ces valeurs sont respectivement de : 3,99 ; 3,45 et 3,30 %.

La comparaison du CO_2 produit par les échantillons essais et les échantillons témoins permet d'apprécier l'effet du glyphosate sur l'activité de la microflore du sol incubé. Les résultats donnés par la figure (3.1 (a et b)) montrent que pour les deux sols brun, la différence dans le dégagement de CO_2 des modalités essais et témoins commence à partir de 40 jours d'incubation. La modalité témoin dégage plus de CO2 mais la différence n'est pas significative en fin d'incubation. Par contre, pour la rendzine brunifiée, figure 3.1 (c), la quantité de CO_2 produite par les échantillons témoins à partir de 20 jours d'incubation est légèrement inférieure à celle des essais. Cette augmentation de la production de CO_2 au niveau des sols bruns (surtout dans le cas du ^{14}C-glyphosate phosphonométhyl) pourrait provenir d'une stimulation d'une partie de la population microbienne dans ce sol, certainement en raison d'une disponibilité plus importante du glyphosate dans ce sol, où nous l'avons vu, la désorption est plus aisée et donc plus favorable à l'activité bactérienne. Ces résultats sont en accord avec ceux de Haney *et al.* (2000) et Weaver *et al.* (2007) qui ont montré que le glyphosate n'affecte pas la minéralisation de la matière organique du sol et qu'il n'a pas un effet toxique sur les microorganismes du sol. Ils sont également en accord, d'une certaine manière, dans le cas de la rendzine avec ceux de Vieiga *et al.* (2001) qui montrent que le glyphosate stimule l'activité microbienne de sol. Cependant, dans notre étude, dans aucun cas l'effet n'apparaît comme significatif.

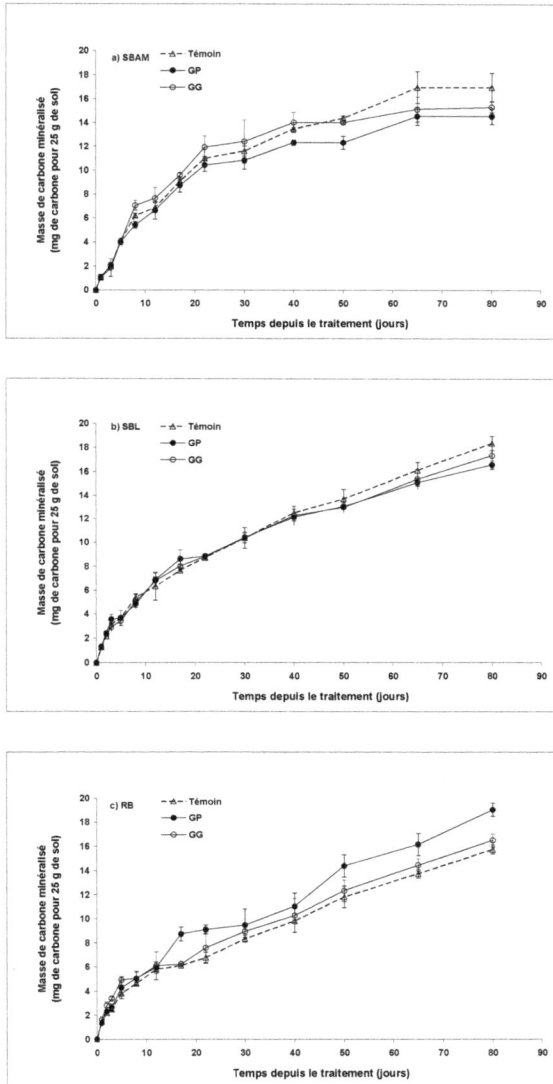

Figure 3. 1. Minéralisation cumulée du carbone organique de trois sols traités avec du glyphosate ^{14}C-phosphonométhyl (GP) ou glyphosate ^{14}C-glycine (GG) et des témoins (avec apport de l'eau sans herbicide) lors de l'incubation : a) sol brun alluvial marmorisé, b) sol brun lessivé, c) sol rendzine brunifiée.

Conclusion

Le dégagement de CO_2 total traduit une bonne activité microbienne pour les 3 sols et la présence de glyphosate (quel que soit le marquage), n'entraîne aucune modification significative de la minéralisation du carbone endogène des sols. Nos résultats tendent à montrer l'absence d'effet toxique de la molécule sur la microflore de sol.

3.1.2. Le carbone radioactif ^{14}C

Une comparaison des résultas relatifs au dégagement du CO_2 total (figure 3.1) et du $^{14}CO_2$ issu de la minéralisation de ^{14}C-glyphosate (quel que soit le marquage) (figure 3.2) nous permet de constater que la minéralisation du glyphosate est simultanée à la minéralisation du carbone endogène des sols ce qui montre également l'absence de phase d'adaptation et une dégradation de type métabolique par des populations microbiennes dégradantes préexistantes dans les sols.

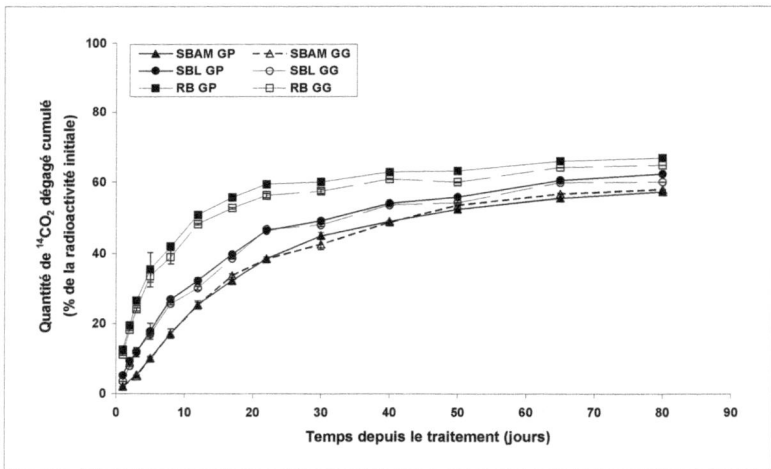

Figure 3. 2. Courbes cumulatives de la minéralisation du glyphosate ^{14}C-phosphonométhyl (GP) et ^{14}C-glycine (GG) dans les 3 sols étudiés : brun alluvial marmorisé (SBAM), brun lessivé (SBL), rendzine brunifiée (RB) (les écarts-types sont présents mais n'apparaissent pas lorsqu'ils sont plus petits que le symbole).

Nous constatons également, à partir des résultats de la minéralisation représentés par la figure 3.2, que pour les 3 sols, la minéralisation du glyphosate est similaire quel que soit le marquage au ^{14}C dans le cas des deux sols bruns : sols brun lessivé et sol brun alluvial marmorisé. Ceci tend à indiquer que les différents groupes carbonés de la molécule présentent la même facilité à la dégradation. Mais, pour la rendzine brunifiée il y a une différence statistiquement significative suivant le marquage. Le glyphosate marqué sur le carbone de la glycine semble être dégradé plus lentement, mais la différence apparaît vers le 8ème jour d'incubation puis demeure constante. Elle pourrait être due au développement plus lent des populations bactériennes impliquées dans la minéralisation de la sarcosine.

La minéralisation du glyphosate dans les 3 sols est plus importante au cours de la 1ère période d'incubation. Après 17 jours d'incubation elle atteint suivant le marquage 32,2 et 33,6 et 39,7 et 38,5 % respectivement pour le sol brun alluvial marmorisé et sol brun lessivé. Pour la rendzine brunifiée ces taux sont significativement plus élevés avec 55,7% pour le produit marqué sur le phosphonométhyl et 52,8% pour celui marqué sur la glycine.

La minéralisation plus rapide dans la rendzine brunifiée pourrait être due à une activité microbienne plus intense en raison du pH (7,9) de ce sol, mais aussi à une disponibilité plus grande du glyphosate qui dans ce sol, comme nous l'avons montré précédemment, est moins adsorbé et dont la désorption est plus aisée. L'inverse peut être observé pour le sol brun alluvial marmorisé qui par son acidité (pH 5,1) est peu favorable à l'activité bactérienne et manifeste une forte rétention du glyphosate.

A partir du 20ème jour, la minéralisation ralentit considérablement dans les 3 sols et les valeurs en fin d'incubation sont proches pour les différentes modalités. Le pourcentage cumulé de carbone radioactif minéralisé à la fin de l'incubation (80 jours) est, suivant le marquage, de 57,3 (GP) et 58 (GG) %; 62,3 (GP) et 60,0 (GG) %; 66,8 (GP) et 64,8 (GG) % respectivement pour le sol brun alluvial marmorisé, sol brun lessivé et la rendzine brunifiée (figure 3.2). Ces résultats sont en contradiction avec ceux de Rueppel et al. (1977) qui ont montré que la minéralisation du glyphosate dans un sol limono-argileux était plus rapide lorsque la molécule était marquée sur le phosphonométhyl.

Une minéralisation rapide du glyphosate a été également rapportée par Cheah et al. (1998) qui observent 90% de minéralisation de l'herbicide en 60 jours dans un sol sablo-limoneux de pH 6,7 et 1,3% de carbone organique. Cependant, ce même auteur montre que pour un sol argilo-limoneux de pH 4,7 et 30% de carbone organique, elle peut être bien moins rapide et importante et représenter seulement 14,6% en 60 jours. Dans nos expérimentations, ce comportement particulier peut être attribué à une adsorption, et par conséquent à une disponibilité de l'herbicide, différente suivant les sols (Al-Rajab et Schiavon, 2005).

Les temps de demi-vies de minéralisation de glyphosate sont très proches suivant le marquage au ^{14}C, mais ils varient significativement suivant le sol. La demi-vie est de 42 jours pour le sol brun alluvial marmorisé quel que soit le marquage, de 31 et 33 ; 12 et 14 jours pour le sol brun lessivé et la rendzine brunifiée respectivement pour le produit marqué sur le phosphonométhyl et sur la glycine. Ces résultats sont en accord avec ceux obtenus par Cheah *et al.* (1998) qui notent que la demi-vie du glyphosate dans un sol sablo-limoneux est de 19,2 jours. Par contre, Getenga et Kengara (2004), sous conditions contrôlées, ont obtenu une demi-vie bien plus longue (85,6 jours) dans un sol sableux.

Conclusion

L'intensité de la minéralisation du glyphosate lors de l'incubation des sols deux sols bruns traités (brun lessivé et brun alluvial marmorisé) est d'une manière générale forte et ne diffère pas quel que soit le marquage : ^{14}C-phosphonométhyl ou ^{14}C-glycine. Cependant, pour la rendzine brunifiée il y a une différence statistiquement significative suivant le marquage au ^{14}C. Cette différence pourrait être due à une disponibilité différente de la molécule mère ou de l'AMPA vis-à-vis des populations microbiennes à C-P lyase qui assurent l'enlèvement du phosphore au niveau de ces deux molécules. La dégradation du glyphosate est très importante dès son application au sol. Sa minéralisation après 17 jours d'incubation atteint 32,2 à 39,7 % de la quantité initiale appliquée aux deux sols bruns (brun alluvial marmorisé (pH=5,1) ou brun lessivé (pH=6,3)), mais elle est encore plus rapide pour la rendzine brunifiée (pH=7,9) où elle atteint 48,4 à 50,9 % en 12 jours suivant le marquage au ^{14}C de la molécule. Par la suite la minéralisation décline progressivement. Cette minéralisation, plus rapide dans la rendzine brunifiée que dans les deux autres sols, est due certainement à la fois à une biomasse microbienne plus abondante et à une biodisponibilité plus importante de la molécule mère. En effet, l'adsorption du glyphosate dans ce sol est plus faible (Kf = 17) que pour les 2 autres (Kf = 34) et sa désorption est plus aisée : 30 % contre 7 % pour les 2 autres sols.

La vitesse de minéralisation du glyphosate dans les différents sols conduit à des temps de demi-vies qui varient significativement suivant le sol, mais ils sont très proches suivant le marquage au ^{14}C. La demi-vie est de 42 jours pour le sol brun alluvial marmorisé quel que soit le marquage, de 31 et 33 ; 12 et 14 jours pour le sol brun lessivé et la rendzine brunifiée respectivement pour le produit marqué sur le phosphonométhyl ou sur la glycine.

3.3. Disponibilité des résidus de glyphosate

3.3.1. Evolution des résidus extractibles au cours de l'incubation

L'évolution des taux d'extraction du glyphosate au cours du temps, obtenus par 3 extractions successives avec une solution de KH_2PO_4 0,1 M, est représentée par les figures (3.3, 3.4 et 3.5). Globalement et pour un sol donné, on observe le même comportement à l'extraction indépendamment du marquage au ^{14}C.

Dans le sol brun alluvial marmorisé, le pourcentage de glyphosate ^{14}C-phosphonométhyl extrait à T0, juste après le traitement, est de 81.9 $\pm$ 0,55 % de la quantité initiale appliquée (Figure 3.3 a). Par la suite cette valeur diminue lentement pour atteindre seulement 13,0 $\pm$ 0,41 % de la quantité appliquée en fin d'incubation. Pour le marquage sur le groupe ^{14}C-glycine, ces pourcentages sont proches et respectivement de 83,4 $\pm$ 0,4 et 11,8 $\pm$ 0,29 % (Figure 3.3 b).

Par contre, dans le sol brun lessivé ce pourcentage d'extraction à T0 est moins élevé que dans le sol brun alluvial marmorisé (56,9 $\pm$ 0,7 et 55,7 $\pm$ 0,79 %) respectivement pour le glyphosate marqué sur le groupe ^{14}C-phosphonométhyl ou ^{14}C-glycine (Figure 3.4 a et b) ; Ce pourcentage diminue au cours du temps et devient moins important que pour le sol brun alluvial marmorisé en fin d'incubation puisqu'il ne représente que 6,9 $\pm$ 0,19 et 6,8 $\pm$ 0,26 % suivant le marquage.

Pour la rendzine brunifiée, bien que sa capacité d'adsorption soit inférieure à celle du sol brun lessivé (Kf = 17 contre 34) (Figure 3.5 a et b), à T0 le pourcentage extrait est de 58,7 $\pm$ 0,47 et 55,7 $\pm$ 0,25 % respectivement pour le glyphosate marqué au ^{14}C-phosphonométhyl et au ^{14}C-glycine ; c'est à dire sensiblement identique à celui du sol brun lessivé. Ceci est peut-être dû à une forte teneur en argile dans les 2 sols qui réduit la performance d'extraction du KH_2PO_4. Cette disponibilité à l'extraction diminue par la suite, plus rapidement que dans les deux autres sols bruns et à la fin de l'expérimentation elle atteint seulement 0,8 $\pm$ 0,24 % de la quantité initiale. Une évolution comparable des résidus extractibles au cours d'une incubation a été notée par Getenga et Kengara (2004). Ces auteurs montrent également que seulement 5,4 % de la quantité initiale de glyphosate est extractibles, 42 jours après le traitement.

A l'analyse de ces résultats, on observe que le pourcentage des résidus de glyphosate extractibles varie en fonction des sols. Dans le sol brun alluvial marmorisé (acide) la disponibilité du glyphosate à l'extraction est plus importante que dans les deux autres sols même s'il présente un Kf (34,5) proche de celui de sol brun lessivé Kf (33,6).

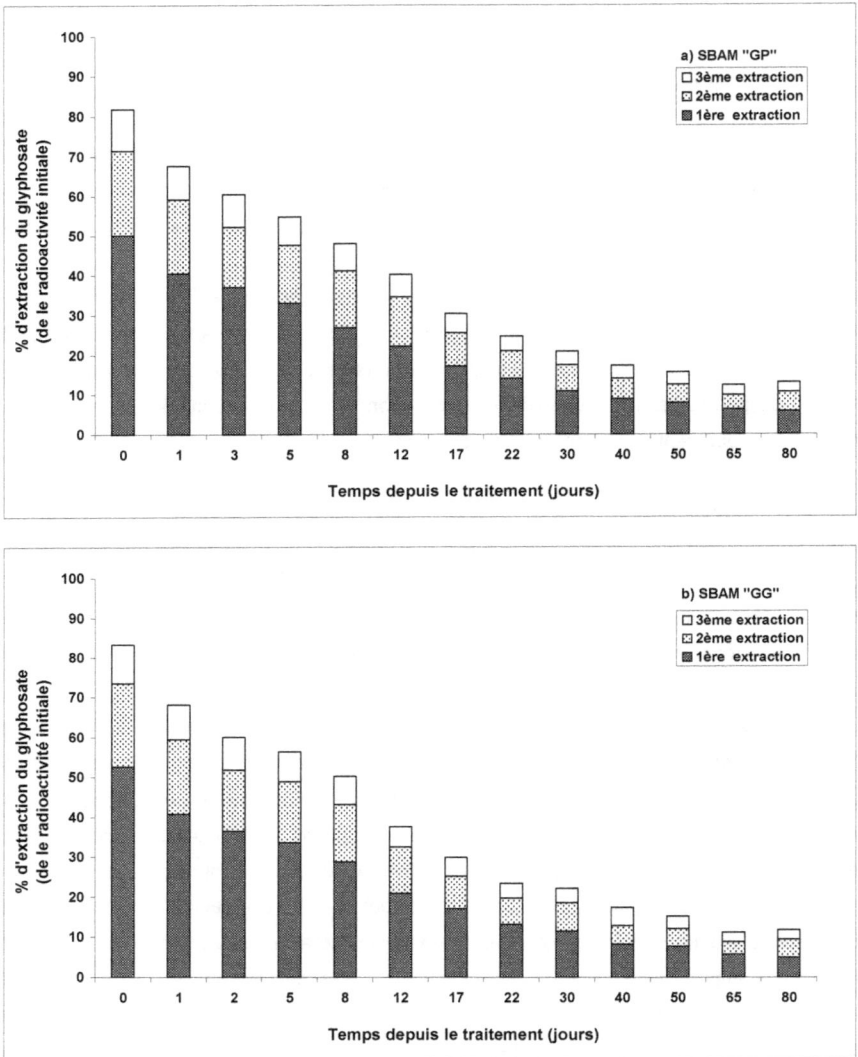

Figure 3. 3. Evolution des taux d'extraction du glyphosate ^{14}C-phosphonométhyl (GP) (a) et ^{14}C-glycine (GG) (b) dans le sol brun alluvial marmorisé (SBAM) en fonction du temps lors d'une incubation à 20 ℃.

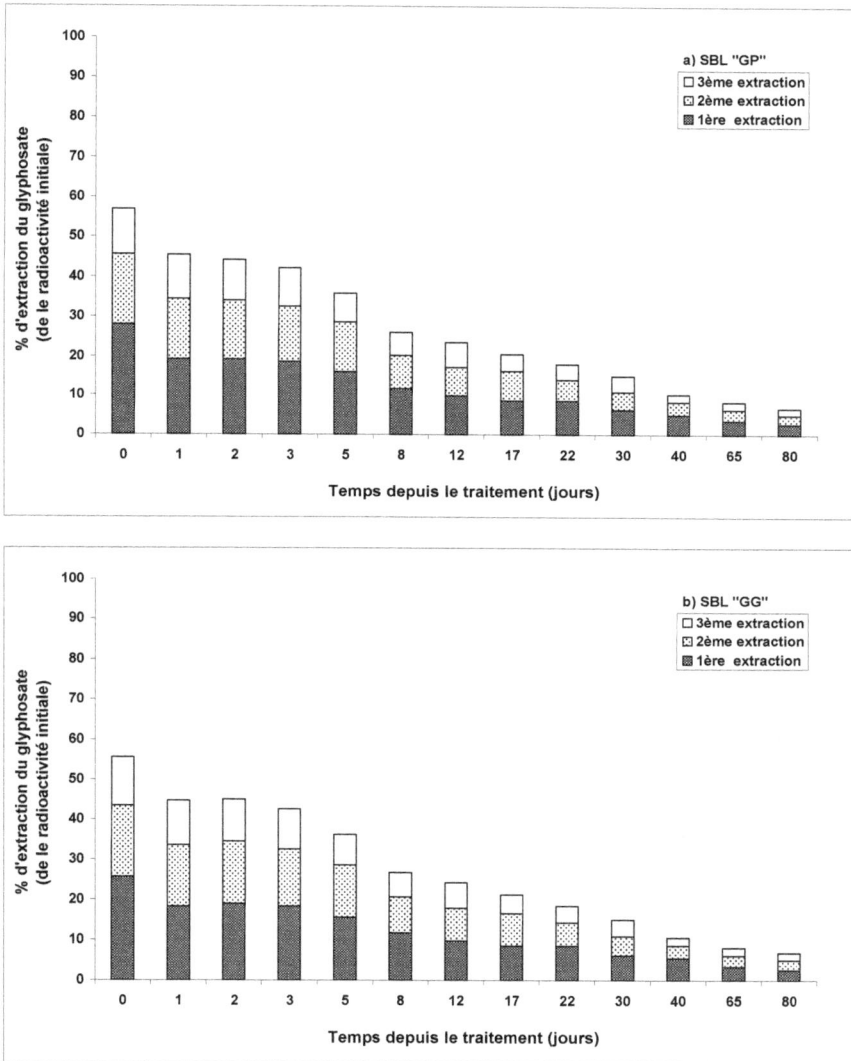

Figure 3. 4. Evolution des taux d'extraction du glyphosate ^{14}C-phosphonométhyl (GP) (a) et ^{14}C-glycine (GG) (b) dans le sol brun lessivé (SBL) en fonction du temps lors d'une incubation à 20 °C.

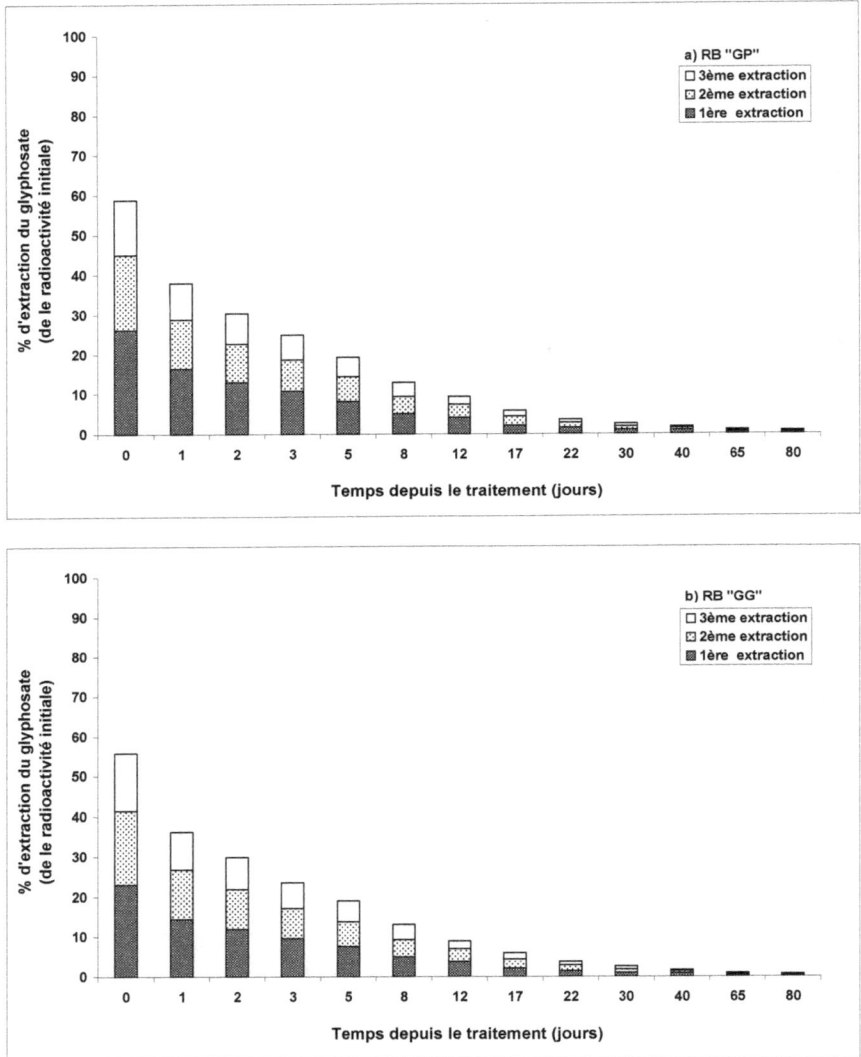

Figure 3. 5. Evolution des taux d'extraction du glyphosate ^{14}C-phosphonométhyl (GP) (a) et ^{14}C-glycine (GG) (b) dans la rendzine brunifiée (RB) en fonction du temps lors d'une incubation à 20 °C.

Cette différence de comportement du glyphosate à l'extraction entre les deux sols bruns semble liée à la quantité de résidus non extractibles formés lors du traitement à T0 et donc à l'importance de la teneur en argile du sol. La variabilité du taux d'extraction, hormis à T0, et sa baisse avec le temps dans les 3 sols est liée à la minéralisation des résidus et à la dynamique d'évolution des résidus non extractibles qui, apparemment, repassent sous forme disponible à la minéralisation.

En fait, dans notre cas, la fraction extractible représente la fraction de glyphosate plus ou moins facilement disponible à la biodégradation. La taille de ce compartiment est définie dès le traitement. Elle dépend vraisemblablement des propriétés physico-chimiques et physiques du sol (taille du compartiment microporal) et de l'état d'humidité lors du traitement. Le traitement sur sol sec pourrait provoquer une entrée du glyphosate dans la microporosité lors de l'invasion capillaire par la solution aqueuse de traitement (Guimont et al., 2005).

Nos résultats sont en accord avec ceux obtenus par Mile et Moye (1988) qui ont montré que le taux d'extraction du glyphosate dans différents sols (3 fois par KH_2PO_4 0,1M) immédiatement après le traitement varie, en fonction de leurs propriétés physico-chimiques, entre 35 et 100% de la quantité appliquée. Alfernes et Iwata (1994) montrent pour leur part que l'extraction du glyphosate dans un sol sablo-limoneux à l'aide d'une solution de NH_4OH, 0,25 M diminue en fonction du temps d'incubation. Les rendements obtenus par ces auteurs varient de 92 à 90 puis 81 ; 72 et 71% de la quantité initiale, respectivement après un délai de 1h ; 18h ; 7 et 44 jours après le traitement.

3.3.2. Analyse des résidus extraits à l'eau et demi-vie du glyphosate

Les résultats présentés dans la figure 3.6 concernent les extraits à l'eau distillée au cours de l'incubation des échantillons de sol traités par du glyphosate marqué au ^{14}C sur le groupe phosphonométhyl. En effet, les extraits au KH_2PO_4 0,1 M ne sont pas exploitables pour une analyse par HPLC car il est impossible de rectifier le pH et d'effectuer la dérivation,
L'analyse des extraits par HPLC, nous permet d'observer l'apparition de produits de dégradation comme l'AMPA et/ou la sarcosine. Mais, cette analyse par HPLC des résidus de glyphosate ne nous a pas permis de mettre en évidence la sarcosine (temps de rétention égal à celui de composés organique co-élués et non marquée au ^{14}C) mais elle a montré la prédominance de l'AMPA par rapport au glyphosate dans les résidus extractibles (figure 3.6). D'après les résultats représentés par la figure 3.6 on observe que l'apparition de l'AMPA au cours d'incubation varie significativement suivant la vitesse de minéralisation du glyphosate dans chaque sol.

Pour le sol brun alluvial marmorisé, lorsque la teneur en résidus de l'extrait est exprimée en % relatif, l'AMPA ne représente que 12,7 % contre 87,3 % pour le glyphosate 3 jours après

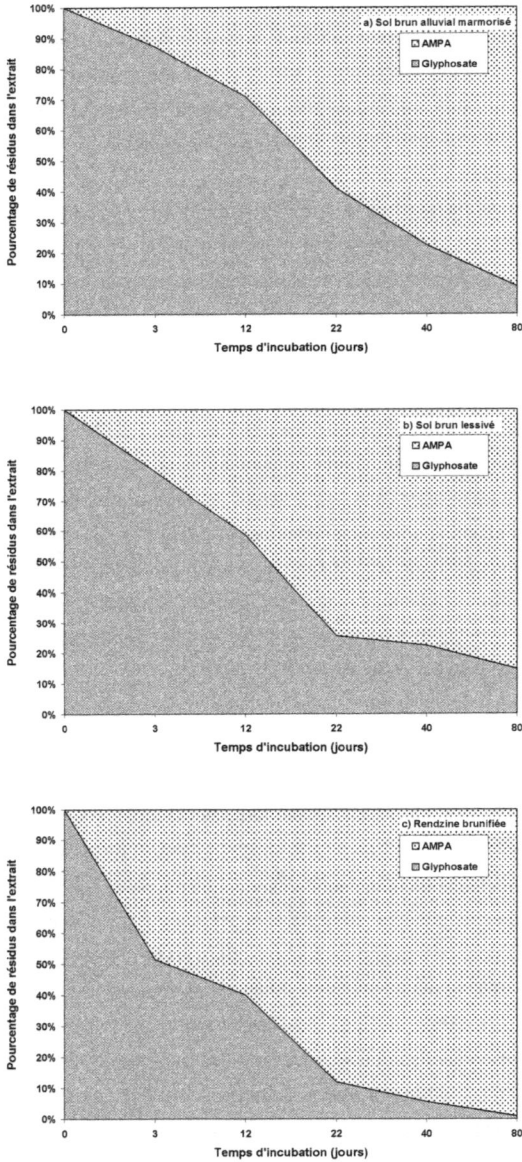

Figure 3. 6. Evolution du glyphosate et son métabolite, l'AMPA, au cours du temps d'incubation (en % par rapport les résidus déterminés en HPLC dans les extraits des sols) pour les 3 sols : a) sol brun alluvial marmorisé, b) sol brun lessivé, c) sol rendzine brunifiée.

de traitement. Puis, le pourcentage de l'AMPA augmente progressivement avec le temps, il atteint 58,9 % des résidus après 22 jours d'incubation, et 91,1 % en fin d'expérimentation. Par contre, pour le sol brun lessivé au cours de la première période d'incubation, la part de l'AMPA dans les résidus extraits est bien plus importante que dans le sol brun alluvial marmorisé. Elle atteint 20,3 et 74,4% des résidus après 3 et 22 jours de d'incubation. Par la suite, ce pourcentage s'élève progressivement jusqu'à la fin de l'expérimentation où il atteint 85,1% des résidus extraits.

En revanche, pour la rendzine brunifiée, dans laquelle le glyphosate se minéralise plus vite que dans les deux autres sols bruns, l'AMPA représente 48,5% des résidus après 3 jours d'incubation, et il atteint 88% après 22 jours. Il augmente ensuite jusqu'à la fin de l'incubation où il atteint 99,1% des résidus extraits.

Nos résultats concordent, dans une certaine mesure, avec ceux obtenus par Cheah *et al.* (1998) qui montrent que le taux d'AMPA dans les extraits d'un sol sablo-limoneux augmente progressivement avec le temps d'incubation et atteint 50% de résidus 45 jours après le traitement.

A partir de ces résultats, il est possible d'estimer la demi-vie du glyphosate extractible à l'eau (facilement disponible à la dégradation ou à l'entraînement par l'eau). Cette demi-vie varie suivant l'activité biologique des sols. Elle est de 19 jours pour le sol brun alluvial marmorisé, 14,5 jours pour le sol brun lessivé et de 4 jours pour la rendzine brunifiée. Nos résultats sont en accord avec ceux obtenus par Eberbach (1998) qui a noté pour 4 sols agricoles incubés à 25°C une demi-vie du glyphosate variant entre 6 et 9 jours ou avec ceux de Cheah *et al.* (1998) qui ont également montré pour un sol sablo-limoneux une demi vie du glyphosate assez courte et correspondant à 19,2 jours. Toutefois des demi-vies bien plus longues sont rapportées dans la littérature. C'est le cas de Getenga et Kengara (2004) qui pour un sol incubé à 30°C obtiennent T1/2 égal à 85,6 jours.

L'ensemble de nos résultats montrent que la rupture de la liaison $-CH_2-NH-$ donnant l'AMPA est plus aisée que la rupture de la liaison $-CH_2-PO_3H_2$ conduisant soit à la sarcosine et du phosphore, soit à la méthylamine et du phosphore. La coupure de la liaison $-CH_2-NH-$ pourrait dépendre de l'activité globale de la microflore et de la rétention du glyphosate par le sol, tandis que la rupture de la liaison $-CH_2-PO_3H_2$ pourrait être liée à des populations bactériennes plus spécifiques. Cette différence dans la vitesse de rupture de ces 2 liaisons entraîne une certaine accumulation de l'AMPA dans le sol.

3.4. Évolution des résidus non extractibles au cours de l'incubation

L'évolution du taux des résidus non extractibles dans les 3 sols au cours de l'incubation est représentée par la figure (3.7).

En premier lieu, on observe, indépendamment du marquage au ^{14}C, la même évolution dans la formation de résidus non extractibles dans les 3 sols. Ceci tend à indiquer la même cinétique de minéralisation du groupe ^{14}C-phosphonométhyl ou du groupe ^{14}C-glycine. En fait ceci est dû à la formation plus lente de la sarcosine qui présuppose, comme nous l'avons vu, la rupture de la liaison $-CH_2-PO_3H_2$ tandis que la minéralisation de l'AMPA, qui se forme rapidement est retardée par la rupture de cette même liaison présente dans l'AMPA (NH_3-$CH_2-PO_3H_2$). Par ailleurs, dans les 3 sols, le complément à 100 % par rapport à la dose appliquée est représenté à la fois, hormis au temps 0, par les résidus extractibles et les résidus minéralisés.

Pour le sol brun alluvial marmorisé, on observe que, le pourcentage de résidus non extractibles est relativement élevé dès T0 (directement après le traitement) : $18,1 \pm 0,31$ et $16,6 \pm 0,38$ % de la quantité initiale, respectivement pour le glyphosate ^{14}C-phosphonométhyl et ^{14}C-glycine. Il progresse ensuite jusqu'à T3 ($35 \pm 0,83$ %) quel que soit le marquage au ^{14}C, reste stable jusqu'à T22, puis diminue très progressivement en fonction du temps jusqu'à la fin d'expérimentation ($30 \pm 2,1$ %) quel que soit le marquage au ^{14}C, figure (3.7).

Sensiblement la même dynamique a été observée pour les deux autres sols (figure 3.7). Toutefois, la formation des résidus non extractibles est plus rapide dans le sol brun lessivé (limono-argileux) que dans le sol brun alluvial marmorisé (sablo-limoneux) même si les deux sols bruns présentent une constant d'adsorption Kf proche, $33,6 \pm 0,05$ et $34,5 \pm 0,18$ respectivement. Les résidus non extractibles dans le sol bun lessivé représentent à T0 $43,1 \pm 0,91$ et $44,4 \pm 0,64$ % de la quantité initiale, respectivement pour le glyphosate ^{14}C-phosphonométhyl ou ^{14}C-glycine. Ces résidus « liés » progressent jusqu'à $49,4 \pm 0,87$ et $51,8 \pm 2,18$ % respectivement à T1 et restent stables jusqu'à T8, pour diminuer ensuite progressivement avec $30,9 \pm 1,48$ et $33,2 \pm 1,07$ % respectivement en fin d'incubation.

Par contre, la formation des résidus non extractibles pour la rendzine brunifiée est plus intense et rapide que dans les deux autres sols, même si au temps 0 les valeurs soient similaires à celles du sol brun lessivé (figure 3.7). Elle atteint $41,3 \pm 3,53$ et $44,3 \pm 2,41$ % de la quantité initiale à T0, et $49,4 \pm 2,18$ et $52,6 \pm 2,96$ % respectivement à T1, reste stable jusqu'à T2, puis diminue jusqu'à la fin d'expérimentation et atteint $32,4 \pm 0,78$ et $34,6 \pm 0,9$ % respectivement. Cette dynamique de forte formation de résidus non extractibles immédiatement après le traitement avec un maximum atteint dans les 2 à 8 jours qui suivent

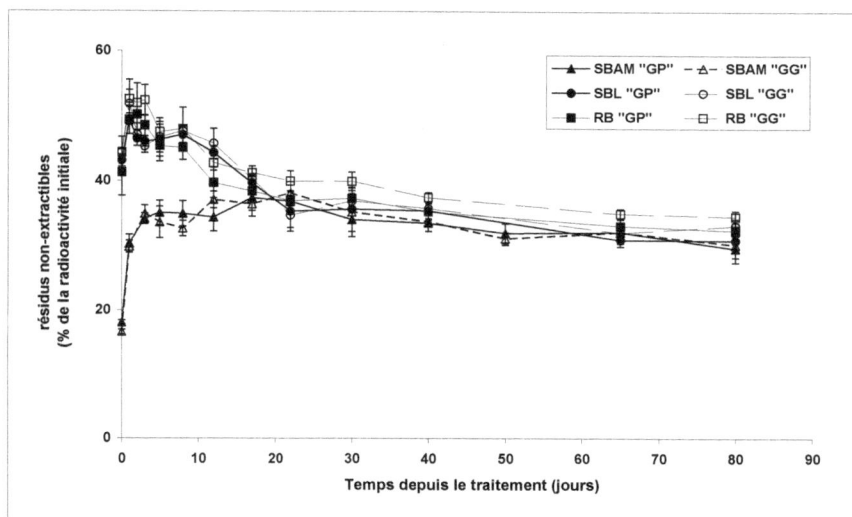

Figure 3. 7. Formation des résidus non extractibles de glyphosate suivant sont marquage au ^{14}C (^{14}C-phosphonométhyl (GP) ou ^{14}C-glycine (GG)) dans les 3 sols étudiés : brun alluvial marmorisé (SBAM), brun lessivé (SBL), rendzine brunifiée (RB) (les écarts-types sont présents mais n'apparaissent pas car plus petits que le symbole).

le traitement est très particulière au glyphosate et pourrait être due aux propriétés physiques du sol (texture et porosité), à la forte solubilité dans l'eau du glyphosate (10,5 g L^{-1}) (Agritox, 2007), et aux conditions de traitement ; traitement sur sol sec, favorisant l'invasion capillaire et le transport rapide de la solution de traitement dans la microporosité intra agrégat (Guimont *et al.*, 2005). Nos résultas diffèrent de ceux obtenus par Sorensen *et al.* (2006) qui montrent que le taux de résidus non extractibles de glyphosate dans l'horizon de surface deux sols incubés à 10 °C se situe, après 90 jours d'incubation, entre 1,7 et 10,2 % de la quantité initiale appliquée. Par contre ils sont en accord avec ceux obtenus par Getenga et Kengara (2004) qui montrent que la formation de résidus non extractibles dans un sol incubé à 30 °C atteint un maximum de 51,7 % de la quantité initiale appliquée après 14 jours d'incubation, puis à 45 jours, ce pourcentage diminue à 34,5 %.

Par la figure 3.8 nous avons tenté de schématiser le mécanisme de formation des résidus non extractibles de glyphosate dans le sol lors du traitement et en cours d'incubation. Lors du traitement sur sol sec, le glyphosate serait rapidement entraîné par invasion capillaire dans la microporosité des agrégats, par l'eau dans laquelle il se trouve solubilisé. La diffusion jouerait ensuite pendant quelques jours pour permettre un équilibre entre le glyphosate adsorbé à la surface des agrégats et celui présent dans la microporosité (figure

3.8). L'importance de la microporosité ou de l'eau immobile est directement liée à la teneur en argiles ou à la texture. Ceci explique la différence dans la quantité de résidus non extractibles formés entre le sol brun alluvial marmorisé et sol brun lessivé, et la similitude entre sol brun lessivé et la rendzine brunifiée. Par la suite, la minéralisation réduit les teneurs en glyphosate présent dans le film d'eau à la surface des agrégats et conduirait à une inversion du phénomène de diffusion. Le glyphosate présent dans l'eau immobile de la microporosité migrerait vers des zones accessibles aux microorganismes et serait dégradé.

En fonction de ces considérations on peut également dire que la formation de résidus non extractibles est également dépendante de l'état d'humidité du sol au moment du traitement. Plus le sol est humide, moins l'invasion capillaire sera importante et plus les sols seront différenciés suivant leur Kf. La formation instantanée des résidus non extractibles du glyphosate dans le sol, pourrait donc être due pour partie à l'application de l'herbicide sur un sol sec. La fraction de pesticide libre, en solution dans la solution du sol, tout comme l'herbicide adsorbé à la surface des agrégats est facilement extractible. Par contre, la partie adsorbée à l'intérieur des agrégats est bien moins accessible à l'extractant ; en particulier compte tenu des temps très courts qui caractérisent le mode opératoire d'extraction. Cette fraction du pesticide adsorbée à l'intérieur des agrégats de sol se désorbe très lentement et ne sera disponible dans la solution du sol pour la microflore (dégradation, minéralisation) ou pour l'extractant (résidus extractibles) que très progressivement. Par ailleurs, on observe que la vitesse de cette désorption varie en fonction du sol. Ceci tend à indiquer, qu'il ne s'agit pas des **vrais** résidus liés, mais de résidus temporairement non extractibles ; ce qui explique la baisse du taux des résidus non extractibles jusqu'à la fin de l'expérimentation.

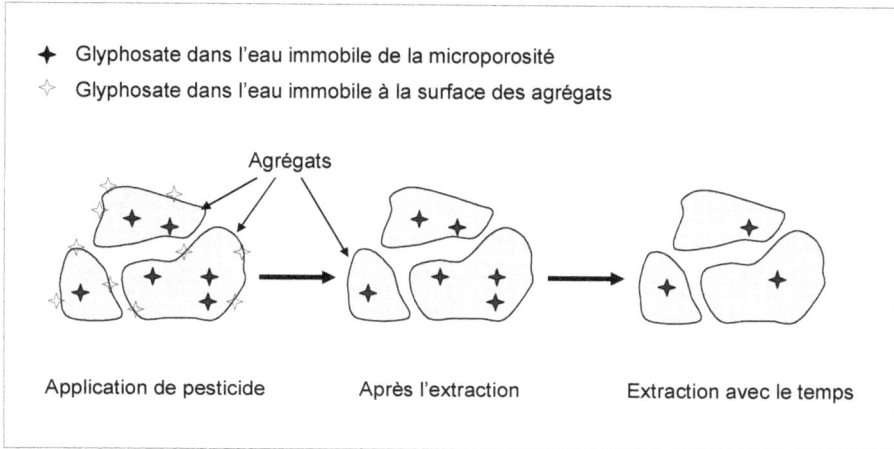

◆ Glyphosate dans l'eau immobile de la microporosité

✧ Glyphosate dans l'eau immobile à la surface des agrégats

Agrégats

Application de pesticide   Après l'extraction   Extraction avec le temps

Figure 3. 8. Schéma de distribution du glyphosate dans le sol après traitement.

3.5. Bilan de l'évolution des résidus de glyphosate au cours de l'incubation

Les bilans globaux concernant le devenir du ^{14}C-glyphosate dans chacun des 3 sols étudiés sont illustrés par les figures 3.9, 3.10 et 3.11. Il s'agit d'un bilan total corrigé à 100 % pour l'ensemble des résidus extractibles, non extractibles et minéralisés. Le pourcentage des résidus non retrouvés varie peu suivant le sol et le marquage du glyphosate au ^{14}C, en générale il est autour de 20 % de la quantité de produit appliquée. Pour le sol brun alluvial marmorisé, la moyenne des résidus non retrouvés pour tous les point de prélèvement atteint 18,9 ± 3,4 et 19,9 ± 2,8 % respectivement pour le glyphosate ^{14}C-phosphonométhyl ou ^{14}C-glycine. Pour le sol brun lessivé, le taux des résidus non retrouvés atteint 20,4 ± 3,7 et 21,3 ± 4,9 % respectivement. En fin pour la rendzine brunifiée, il atteint 19,2 ± 1,3 et 18,8 ± 2,6 % respectivement. Le taux des résidus non retrouvés obtenu dans notre étude est proche de celui observé par Grébil (2000) pour un autre herbicide, le tébutame (environ 20% à 90 jours d'incubation). Malterre (1997) a noté une perte d'environ 25 % de la radioactivité appliquée au bout de 60 jours d'incubation de la trifluraline. Toutefois, ce déficit du bilan correspond, pour partie, à des erreurs expérimentales, et pourrait être dû à une adsorption éventuelle du glyphosate sur les flacons d'eau distillée et les flacons de soude ou sur le joint d'étanchéité en caoutchouc, surtout que le glyphosate a une faible pression de vapeur (13.1 µPa à 25 ℃).

Nous pouvons constater que le comportement du glyphosate pour l'ensemble des résidus extractibles, non extractibles et minéralisés ne varie pas quel que soit le marquage de la molécule au ^{14}C.

Pour le sol brun alluvial marmorisé (figure 3.9 a et b) on observe, en fin d'incubation, que la majorité des résidus est présente dans les échantillons de sol sous forme non extractible : (30,2 ± 2,16 et 32,42 ± 1,98 %) tandis que la forme extractible ne représente qu'un faible pourcentage (13 ± 0,41 et 11,8 ± 0,29 % de la quantité initiale appliquée respectivement pour le glyphosate marqué sur le phosphonométhyl ou sur le groupe glycine). Par contre, après 80 jours d'incubation, l'essentiel du glyphosate a été minéralisé : 57,3 ± 0,13 et 58 ± 0,04 % suivant le marquage au ^{14}C.

Dans le sol brun lessivé les résultats représentés par la figure 3.10 a et b montrent en fin d'incubation, une situation proche de celle du sol brun alluvial marmorisé. Suivant le marquage au ^{14}C, les résidus non extractibles représentent 30,9 ± 1,48 et 33,2 ± 1,07 %, les résidus extractibles 6,9 ± 0,19 et 6,8 ± 0,26 % et la minéralisation 62,2 ± 0,03 et 60 ± 0,02 % de la quantité appliquée.

Finalement, le bilan obtenu pour la rendzine brunifiée après 80 jours d'incubation (figure 3.11 a et b) montre que la minéralisation du glyphosate est significativement plus importante dans ce sol que dans les deux autres sols. Suivant le marquage au ^{14}C, le pourcentage de minéralisation est de 66,8 ± 0,05 et 64,8 ± 0,02 % tandis que les résidus extractibles ne représentent que 0,8 ± 0,24 et 0,6 ± 0,05 % et le taux des résidus non extractibles est proche de ceux obtenus pour les autres sols : 32,4 ± 0,78 et 34,6 ± 0,9 % de la quantité initiale de glyphosate appliqué marqué au ^{14}C sur le phosphonométhyl ou sur la glycine respectivement.

En raison du maintien d'une proportion plus importante de résidus sous forme extractible dans les deux sols bruns en fin d'incubation, on peut penser que ces deux sols présentent à long terme, un risque de pollution de l'eau plus élevé que celui de la rendzine brunifiée.

Nos résultats sont proches de ceux de Getenga et Kengara (2004) qui montrent que, après 50 jours d'incubation, la majorité des résidus sont présents dans les échantillons de sol sous forme non-extractible. Ceux-ci représentent 47,5 à 57 % suivant la quantité glyphosate appliqué, tandis que la minéralisation varie de 4,9 à 10,9 % et les résidus extractibles seulement 0,1 à 0,3 %. Par contre, Sorensen et al. (2006) obtiennent après 90 jours d'incubation de deux sols à 10 °C, une majorité des résidus sous forme extractibles tandis que la minéralisation représente 2,8 à 7,8 % et les résidus non-extractibles 10,2 à 1,7 %.

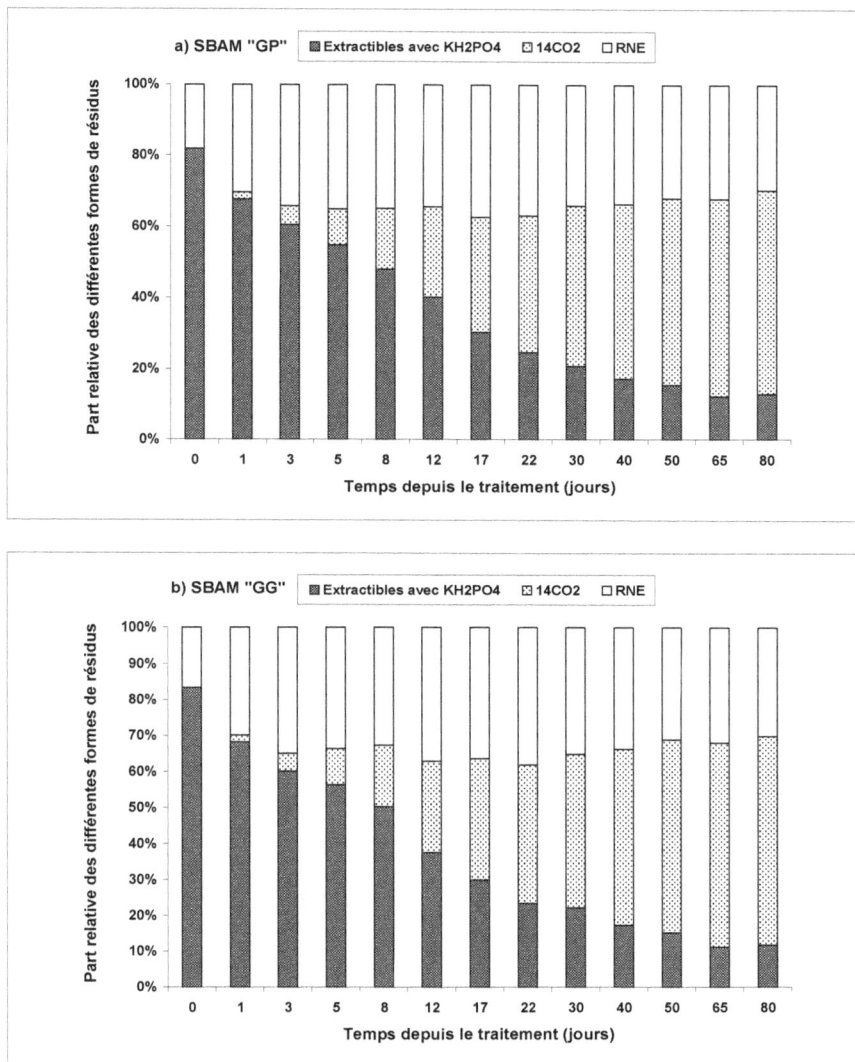

Figure 3. 9. Evolution de la part relative des différentes formes de résidus de glyphosate au cours de l'incubation du sol brun alluvial marmorisé. (GP, ^{14}C-phosphonométhyl ; GG, ^{14}C-glycine).

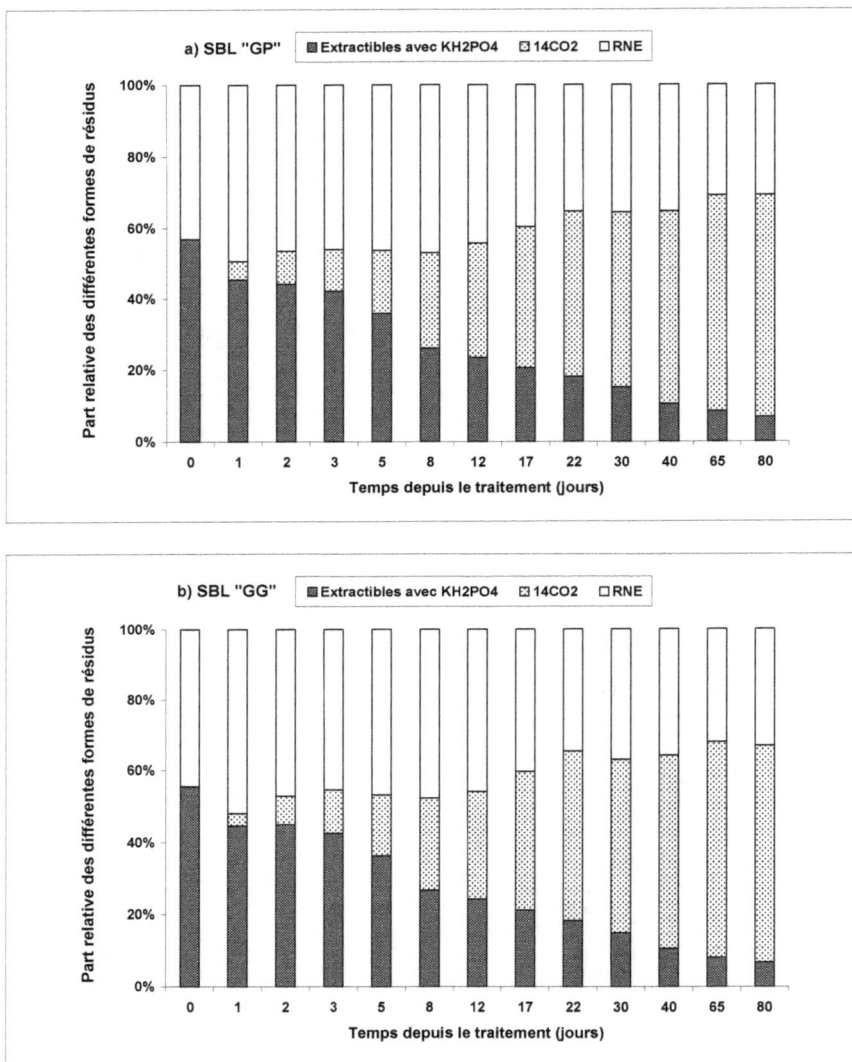

Figure 3. 10. Evolution de la part relative des différentes formes de résidus de glyphosate au cours de l'incubation du sol brun lessivé. (GP, ^{14}C-phosphonométhyl ; GG, ^{14}C-glycine).

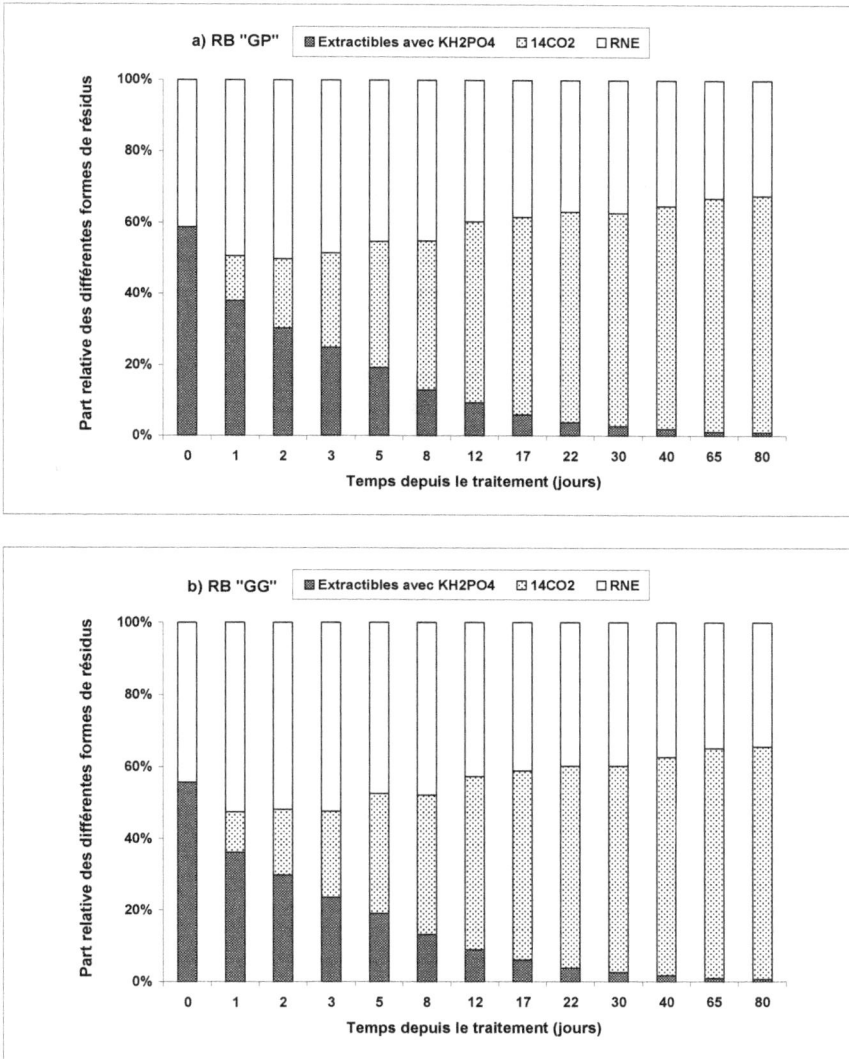

Figure 3. 11. Evolution de la part relative des différentes formes de résidus de glyphosate au cours de l'incubation de la rendzine brunifiée (GP, ^{14}C-phosphonométhyl ; GG, ^{14}C-glycine).

4. Conclusion

La cinétique et l'intensité de la dégradation du glyphosate dans un même type de sol peuvent varier considérablement avec le temps. Cette variabilité est retrouvée lorsqu'on fait varier le type pédologique des sols. Plusieurs facteurs semblent jouer un rôle prépondérant à la fois sur l'intensité de la minéralisation, l'apparition des métabolites dans le sol et la formation des résidus non extractibles. Parmi ces facteurs on cite en particulier la taille et la composition de la population microbienne de sol, associées à l'échantillon prélevé (point de prélèvement après traitement, état d'humidité,..) ou au pH de sol (propriétés physico-chimique du sol).

On observe que dans le sol à forte activité dégradante (rendzine brunifiée, pH 7,9), la demi-vie du glyphosate (et non des résidus) est courte (4 jours). Par contre, pour les sols à activité dégradante faible (sol brun alluvial marmorisé pH 5,1 ; sol brun lessivé pH 6,3), la persistance augmente (demi-vie de 19 jours et 14,5 jours respectivement) et les résidus sont plus disponibles à l'extraction.

Du point de vue environnemental, nos résultats tendent à montrer que la possibilité de contamination de l'eau est plus importante à long terme sur un sol peu dégradant et/ou acide comme le sol brun alluvial marmorisé, tandis que pour un sol à dégradation active (rendzine brunifiée), le risque de pollution de l'eau semble être instantané, en raison de la faible adsorption et moins durable, car rapidement dégradé. Toutefois, la libération progressive des résidus non extractibles augmente probablement, le risque de contamination très diffuse de l'eau quel que soit le type de sol.

Néanmoins, il reste à considérer la mobilité, la dégradation et la stabilisation du glyphosate dans les conditions climatiques naturelles, et examiner les facteurs influent sur son transfert afin d'estimer le potentiel pollution des eaux souterraines avec ce produit et ses métabolites.

Dans le chapitre suivant, nous présenterons une étude de la mobilité du glyphosate et sa dégradation dans le sol sous conditions climatiques naturelles de Lorraine (54-France).

Chapitre 4 : Etude couplée des processus de transfert, de dégradation et de stabilisation du glyphosate sous conditions climatiques naturelles

1. Introduction

La contamination de la solution du sol par un herbicide et son transfert par la suite vers les eaux souterraines et de surface dépend en premier lieu de l'interaction de ses propriétés physico-chimiques avec celles du sol. Dans le cas du glyphosate nous avons vu qu'il était, par comparaison à d'autres herbicides, fortement adsorbé, y compris en sol calcaire, et que sa dégradation était cependant rapide. Ces deux propriétés convergent pour préjuger d'une contamination limitée de la ressource en eau. Or, le rapport IFEN (2000) montre que la qualité de l'eau est considérablement altérée par la présence de glyphosate et d'AMPA à des concentrations parfois supérieures aux normes de potabilité. Sur 117 substances recherchées en Ile-de-France, le glyphosate et surtout l'AMPA, son métabolite, sont présents dans plus de 50 % des stations suivies (DIREN, 2003).

Mais, pour un produit phytosanitaire donné, la pollution de l'eau est également associée à une utilisation non adaptée (sol trop humide, pluie intervenant immédiatement après le traitement, ...) ou à l'intensité de son utilisation. La pratique du travail simplifié, ou le non travail du sol conduit à une utilisation importante du glyphosate pour « nettoyer » les parcelles. De plus, l'utilisation de glyphosate pourrait progresser considérablement avec l'introduction de cultures résistantes à cet herbicide. Cela pourrait augmenter le risque de contaminer les eaux souterraines et de surface par le transfert de cette molécule et son métabolite l'AMPA.

Dans ce contexte, les objectifs du présent travail étaient d'obtenir des informations relatives à la dissipation, la dégradation et au transfert des résidus de glyphosate sous conditions climatiques naturelles dans trois sols agricoles aux propriétés physico-chimiques différentes, par l'utilisation de colonnes de sol à structure non perturbée. Il s'agissait également de valider le jugement porté sur la mobilité des résidus de glyphosate à partir des résultats de laboratoire.

L'intérêt d'utiliser des colonnes de sol à structure non perturbée est d'apprécier le devenir de produit phytosanitaire après application grâce au suivi simultané de la disponibilité du produit dans le sol, de son transfert dans la solution du sol, de sa progression le long du profil de sol, de sa dégradation et de sa dissipation, et finalement de son stockage dans le sol sous forme de résidus non extractibles (Malterre *et al.*, 1998).

2. Matériel et méthodes

2.1. Dispositif expérimental et matériau terreux

Cette étude a été réalisée à partir de colonnes de sol à structure non perturbée prélevées à l'aide de tubes en P.V.C. de 9,8 cm de diamètre interne et de 35 cm de longueur. Les tubes de P.V.C. sont légèrement biseautés au niveau de leur extrémité inférieure de manière à ne pas altérer la structure du profil lorsqu'ils sont enfoncés dans le sol jusqu'à 30 cm de profondeur (figure 4.1). Ces colonnes de sols sont préparés sur place dans trois parcelles représentatives de la région Lorraine (54-France) : à Champenoux / la Bouzule (sol brun lessivé), Loisy (rendzine brunifiée) et Chenevières (sol brun alluvial marmorisé). Les caractéristiques physico-chimiques de ces sols sont données dans le chapitre 2 (tableau 2.1).

Le prélèvement réalisé au niveau de la parcelle est entrepris de la manière suivante : deux tranchées d'environ 40 cm de profondeur, séparées d'une distance d'environ 1m, sont creusées à la pelle mécanique. Chaque tube est alors enfoncé progressivement dans la bande de sol comprise entre les deux tranchées à l'aide d'un vérin. Au fur et à mesure que le tube progresse dans le sol, on retire la terre située autour du tube de manière à réduire les contraintes liées à l'enfoncement et à éviter d'altérer la structure naturelle du sol.

Après prélèvement, chaque colonne est fermée à sa base par un entonnoir rempli de gros gravier (lavés et rincés à l'eau distillée) destiné à soutenir la colonne de sol et à recueillir les eaux de percolation dans des flacons en plastique de 1l.

L'ensemble des colonnes est ramené sur le site de l'ENSAIA et placé à l'extérieur dans un bac support qui est ensuite rempli de terre de manière à assurer le maintien des colonnes, de réguler les variations de température du sol des colonnes et de rester aussi proche que possible des conditions naturelles. Au total 7 colonnes de chaque sol ont été traitées (21 colonnes pour l'ensemble des sols), une colonne de chaque sol a été extraite immédiatement après traitement à T0, ainsi 18 colonnes sont disposées dans le bac rempli de terre.

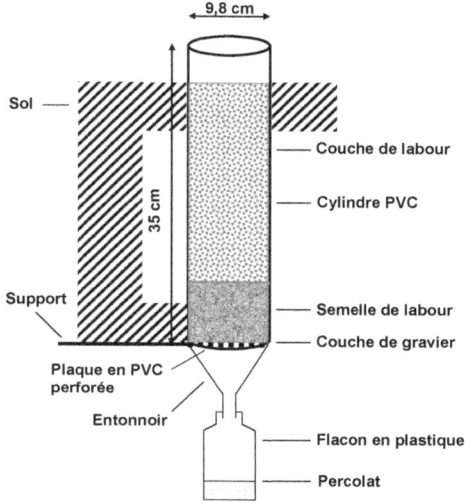

Figure 4. 1. Dispositif des expérimentations en Colonnes de sol.

Les percolats sont recueillis après chaque épisode pluvieux dans des flacons en polyéthylène d'un litre, chacun relié à l'entonnoir d'une colonne.

Photo 4.1 : Vue du dispositif de suivi du devenir du glyphosate dans les sols.

2.2. Le traitement

Le traitement des colonnes de sol a été effectué le 25 mars 2005 à la dose recommandée de 2160 g de matière active.ha^{-1}. La quantité de glyphosate apportée, compte tenu de la surface de la colonne, est de 1,63 mg. Afin de suivre dans les meilleures conditions de détection la dégradation du produit et de mesurer sa présence, ainsi que celle de 'AMPA dans le sol et l'eau de percolation, il a été utilisé du glyphosate marqué au ^{14}C sur le groupe phosphonométhyl (ARC-ISOBIO, Belgique ; pureté 99,5 % ; radioactivité spécifique 55 mCi/mmol).

Avant application, le produit radioactif a été dilué dans du glyphosate commercial (Roundup Express, sel d'isopropylamine) 7,2 g.L^{-1}, (Monsanto Agriculture France, 69-Bron). La radioactivité totale apportée par colonne est de 9,98 µCi. L'apport de l'herbicide est effectué par 10 ml de solution aqueuse déposée au goutte à goutte à la surface du sol.

2.3. Evaluation du transfert des résidus par l'eau

Les percolats ont été récoltés individuellement dans des flacons après chaque épisode pluvieux efficace, c'est-à-dire donnant des écoulements d'eau. Le volume d'eau recueilli pour chaque colonne a été mesuré et la teneur en résidus a été déterminée par comptage de la radioactivité du percolat par scintillation liquide sur 1 ml d'eau en présence de 10 ml de scintillant Ultima-Gold (Packard). Chaque mesure est répétée deux fois.

2.4. Suivi des résidus dans le sol

2.4.1. Quantification et analyse des résidus extractibles

2.4.1.1. Résidus extractibles de glyphosate

Une colonne de chaque sol a été prélevée aux temps suivants : 0 ; 0,5 ; 1 ; 3 ; 6 ; 9 et 11 mois après le traitement. Les colonnes prélevées ont été alors congelées avant leur découpe. Après ouverture du tube de P.V.C, la colonne de sol est découpé en 4 segments : 0-5, 5-10, 10-20 et 20-30 cm. La terre de chacun des segments est ensuite décongelée, émiettée grossièrement puis séchée à l'air libre et à température ambiante du laboratoire avant d'être pesée, broyée, et tamisée à 2 mm. Six aliquotes de 25 g de chacun des segments sont prélevées et extraites séparément. Afin de différencier les résidus facilement disponibles et les résidus extractibles trois répétitions ont été extraites par l'eau distillée et trois répétitions ont été extraites par le dihydrogenophosphate de sodium (KH_2PO_4) 0,1 M.

Les 25 g de sol sont placés dans un flacon à centrifuger en PPCO de 250 ml (Nalgène). Sur le 1er groupe de 3 répétitions, 3 extractions successives (agitation rotative à 15 rpm) de 2 h avec 100 ml de l'eau distillée ont été réalisées et une centrifugation de 20 min à 4642 g et à 9 °C permet de récupérer la solution aqueuse. A chaque extraction, après ajustement du volume, 1 ml est prélevé en vue d'un comptage de la radioactivité par scintillation liquide (Packard TriCarb 1900) en présence de 10 ml de scintillant Ultima-Gold (Packard). Chaque mesure est répétée 2 fois. Les 3 extraits de chaque échantillon sont regroupés et filtrés à l'aide de papiers filtres (Whatman 40 sans cendres), et récupérés dans un ballon à fond rond de 1000 ml. Le tout est congelé à -30 °C pendant 48 h puis lyophilisé (Edwards- Modulyo-RUA) afin de concentrer les extraits. Après lyophilisation, les résidus de glyphosate sont récupérés par 7 ml de l'eau distillée et filtrés à 0,2 µm à l'aide de filtres Sartorius (Minisart RC 25). Les résidus récupérés sont stockés au congélateur (à -30 °C) dans l'attente de l'analyse par HPLC. A chaque étape la radioactivité est contrôlée afin de s'assurer de l'absence de perte de produit.

Les mêmes processus ont été appliqués aux échantillons du 2ème groupe de 3 répétitions en utilisant le KH_2PO_4 0,1 M comme extractant.

2.4.1.2. Analyse des résidus

2.4.1.2.1. Dérivation des résidus de glyphosate

Les caractéristiques physico-chimiques du glyphosate font que son dosage n'est envisageable qu'après dérivation en milieu basique. Ceci implique que seul les résidus en milieu aqueux sont dosables par la méthode proposée. Pour cela, nous avons adopté une méthode de dérivation du glyphosate et de ses métabolites par le Chlorure de Fmoc $C_{15}H_{11}ClO_2$ (FMOCCl) à pH > 8, suivie d'une analyse par chromatographie liquide sur phase polaire (NH_2) couplée à deux types de détection : fluorimétrique et détection β^- par scintillation liquide. A cet effet, nous avons utilisé les solvants et réactifs suivants :

a. Réactif de dérivation,

- Fmoc chloride ($C_{15}H_{11}ClO_2$) en poudre, pureté 99 % (Fluka)
- Tétraborate de sodium décahydrate ($B_4Na_2O_7$, $10H_2O$) en poudre, pureté 99,5 % (Fluka)
- Hydroxyde de potassium (KOH) en pastilles pour analyses, pureté 86 % (Fluka)

- Dihydrogénophosphate de potassium KH_2PO_4, pureté 99,5 % (Fluka)
- Acétonitrile (C_2H_3N) pour HPLC, pureté 99,9 % (SDS-France)
- Ether diéthylique $(C_4H_{10}O)$ pour HPLC, pureté 99,8 % (Fluka)
- Etalons de référence : Glyphosate en poudre, pureté 98,5 % (Dr. Ehrenstorfer GmbH) ; AMPA, 10 ng/µl dans l'eau (Dr. Ehrenstorfer GmbH) ; Sarcosine (N-méthylglycine) $C_3H_7NO_2$ en poudre, pureté 99 % (Fluka)

b. Mode opératoire

Après décongélation de l'extrait aqueux, prélever une aliquote de 3 ml et la verser dans un flacon brun en verre de 30 ml. Ajouter 0,5 ml de tampon borate 0,05 M et laisser reposer environ 15 minutes. Puis, ajouter environ 3 ml d'éther éthylique, agiter vigoureusement pendant 2 minutes et laisser décanter 15 minutes. Prélever 1,5 ml de la phase aqueuse et ajouter 0,25 ml d'acétonitrile. Ajouter ensuite 0,25 ml de la solution de réactif de dérivation dans l'acétonitrile (FMOCCI 1mg/ml). Laisser réagir 60 minutes à température ambiante. Ajouter environ 2 ml d'éther éthylique et agiter pendant 2 minutes. Laisser reposer 1 heure et puis transférer la phase aqueuse dans un vial de 2 ml pour analyse.

2.4.1.2.2. Analyse des résidus de glyphosate

Après dérivation, l'analyse des résidus a été réalisée par Chromatographie Liquide Haute Performance (C.L.H.P) sur chromatographe (Varian 9012) équipé de :
- un passeur (Autosampler Varian ProStar 410)
- un détecteur de radioactivité ß (Radiomatic-PerkinElmer 610TR)
- un détecteur fluorimétrique (Varian ProStar 363)
- une colonne Lichrosorb-NH2, 5µm de 25 cm (CIL Cluzeau)
- chauffage colonne (IGLOO-CIL Cluzeau)

La chromatographie a été réalisée dans les conditions suivantes :
- colonne Lichrosorb-NH2, 5µm de 250 mm de longueur et 4 mm de diamètre (CIL Cluzeau) thermostatée à 30 ℃
- longueur d'onde de détection fluorimétrique : λexc : 260 nm ; λemi : 310 nm
- volume injecté : 5, 25 ou 50 µl
- composition de l'éluant : KH_2PO_4 0,05 M, pH 5,7 / Acétonitrile (70/30) (v/v)
- débit de l'éluant : 0,8 ml/min
- débit du scintillant de 1,2 ml.min^{-1} et ouverture de la fenêtre 0-156 Kev.
- volume de la cellule de comptage de radioactivité ß : 500 µl

Dans ces conditions, les temps de rétention des différents produits détectés sont de : 4,2 min pour la sarcosine, 6,6 min pour l'AMPA, et 13,3 min pour le glyphosate

2.4.1.2. Quantification des résidus non-extractibles (RNE)

Après les 3 extractions successives à l'eau ou au KH_2PO_4 0,1 M, le sol de chaque échantillon est séché à l'air libre (sous hotte) au laboratoire, puis broyé finement. Afin d'évaluer la quantité de résidus ^{14}C non extraits et suivre leur évolution au cours du temps, deux aliquotes de 300 mg ont été prélevées pour chaque échantillon et soumises à une combustion à l'aide d'un Oxidizer Packard 307, à 900°C pendant 1,5 min, sous flux d'O_2. Le $^{14}CO_2$ dégagé lors de la combustion a été piégé par 10 ml de fixateur Carbo-Sorb E (Packard), auxquels sont ajoutés 10 ml de scintillant Permafluor (Packard). Le dosage de la radioactivité est réalisé par scintillation liquide.

3. Résultats et discussion

3.1. Contrôle de l'homogénéité de percolation des colonnes

Le test a été réalisé sur le dernier événement pluvieux précédant le traitement des colonnes intervenu le 15/03/05. Les volumes moyens recueillis en fin de percolation (24 h après arrêt des précipitations) ont été de 654±73,6ml pour les colonnes de sols de la rendzine brunifiée, 696±80,8 ml pour celles du sol brun alluvial marmorisé et 651,2±97,7 ml pour celles du sol brun lessivé. La comparaison des moyennes ne donne aucune différence significative en fonction du type de sol, par contre l'écart type indique pour chaque sol une certaine hétérogénéité de fonctionnement qui reflète peut être l'hétérogénéité de distribution et/ou d'interception des précipitations.

3.2. Suivi de l'expérimentation

3.2.1. Les précipitations

La somme des précipitations au cours de la période d'expérimentation atteint 869 mm (Figure 4.2). La distribution des pluies a été régulière, en particulier au cours des périodes du 24 Mars au 25 Juillet 2005 et du 1er Novembre jusqu'à la fin de l'expérimentation. Elle a permis au sol d'être en permanence suffisamment humide pour favoriser la dégradation d'autant que les températures ont été relativement douces : température moyenne 10.5 °C, min: 6.0 °C, max: 15.1 °C au cours des 2 premiers m ois d'expérimentation.

Les hauteurs d'eau percolées moyennes sont de 515,9 mm pour le sol brun lessivé, 382 mm pour la rendzine brunifiée et 375 mm pour le sol brun alluvial marmorisé, soit des hauteurs d'eau percolées représentant respectivement 59,4, 43,95 et 43,15 % du total des précipitations. Ces valeurs montrent que la rendzine brunifiée et le sol brun alluvial marmorisé présentent une capacité d'infiltration similaire bien que leur texture soit très différente (figure 4.3). Ces deux sols donnent 19 percolats contre 22 pour le sol brun lessivé. Ces données indiquent que le mouvement de l'eau dans la rendzine brunifiée et le sol brun alluvial est plus lent et que l'évaporation est plus forte que pour le sol brun lessivé.

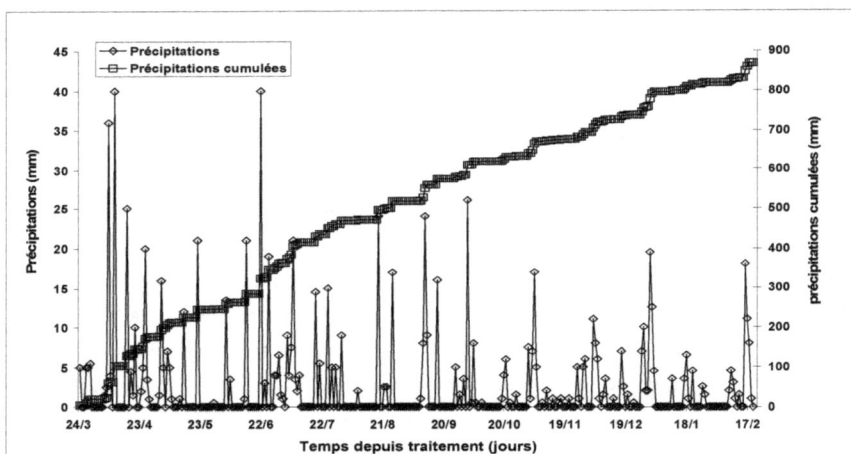

Figure 4. 2. Représentation des précipitations journalières et cumulées (mm) rencontrées au cours de l'expérimentation.

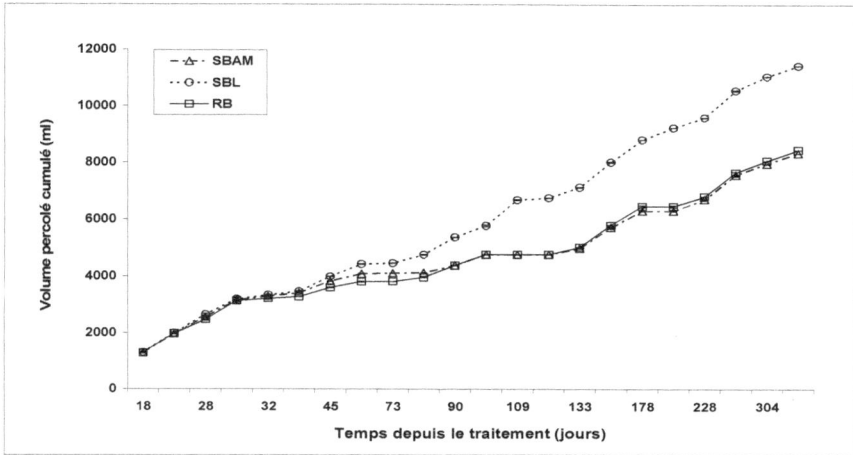

Figure 4. 3. Volumes cumulés des percolats (ml) obtenus au cours de l'expérimentation pour les 3 sols étudiés (les écarts-types sont présents mais n'apparaissent car plus petits que le symbole).

3.2.2. Suivi des résidus dans l'eau

3.2.2.1. Dynamique de lessivage du glyphosate dans les trois sols

Les résidus du glyphosate sont détectés dès le premier percolat, obtenu pour les 3 sols 18 jours après le traitement (Figure 4.4 et 4.6) ; les précipitations cumulées étant alors de 84,5 mm (Figure 4.2). Cette présence du glyphosate dès le premier percolat traduit un lessivage par circulation préférentielle (Laitinen *et al.*, 2006).

Les volumes moyens percolés par les colonnes de chaque sol sont très proches (entre 257 et 262 ml soit 34,1 et 34,7 mm) mais les concentrations en résidus sont très différentes : $2,91 \pm 0,75$ µg l^{-1} pour la rendzine brunifiée; $1,53 \pm 0,32$ µg l^{-1} pour le sol brun lessivé et $0,489 \pm 0,151$ µg l^{-1} pour le sol brun alluvial marmorisé. Ces concentrations sont bien plus élevées que celles obtenues par Dousset *et al.* (2004) pour 2 sols, en conditions de laboratoire (maximum 0,1 µg l^{-1}). Nos résultats traduisent un lessivage potentiel de glyphosate dans le sol malgré sa forte adsorption.

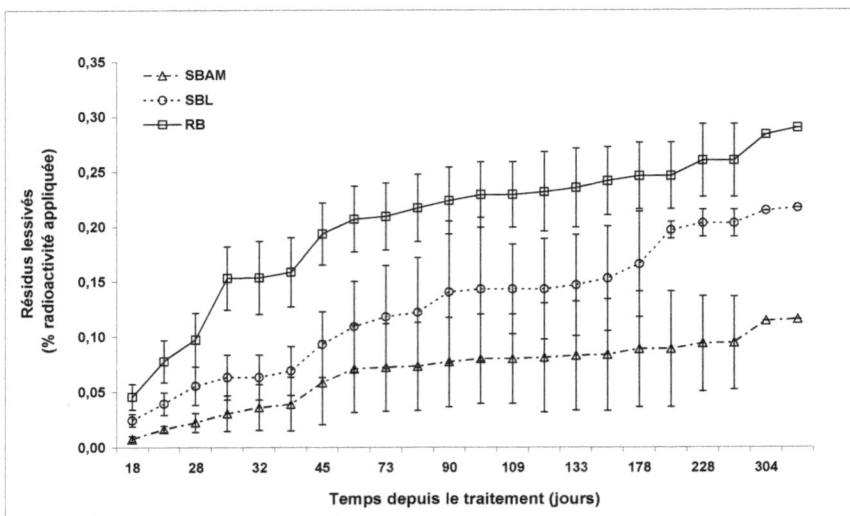

Figure 4. 4. Dynamique de lessivage du glyphosate dans les 3 sols représentée par la valeur moyenne du cumul des quantités de résidus lessivés à partir des colonnes de chacun des sols non prélevées à la date considérée.

Au premier percolat, c'est donc le sol brun alluvial marmorisé, qui présente une forte capacité de rétention (K_f 34,5) et une structure homogène fine au moment du prélèvement, qui donne les plus faibles exportations. Avec sensiblement la même capacité de sorption/désorption, le sol brun lessivé (K_f 33,6) donne des quantités lessivée près de 3 fois plus importantes, mais un peu plus variables d'une colonne à l'autre (figure 4.5). Cette variabilité de lessivage du glyphosate dans les colonnes de sol a été également observée par De Jonge *et al.* (2000) et Dousset *et al.* (2004). Ceci tend à indiquer une circulation des résidus par des voies préférentielles à distribution hétérogène. Cette hétérogénéité serait la conséquence de la structure polyédrique grossière de ce sol.

Enfin, la rendzine brunifiée qui combine une faible sorption (K_f 16,6), une forte possibilité de désorption (21,5 %) et une structure grossière analogue au sol brun lessivé, ce qui favorise les écoulements préférentiels, donne des exportations en moyenne 6 fois plus fortes que le sol brun alluvial marmorisé, et peu variables d'une colonne à l'autre (Figure 4.5).

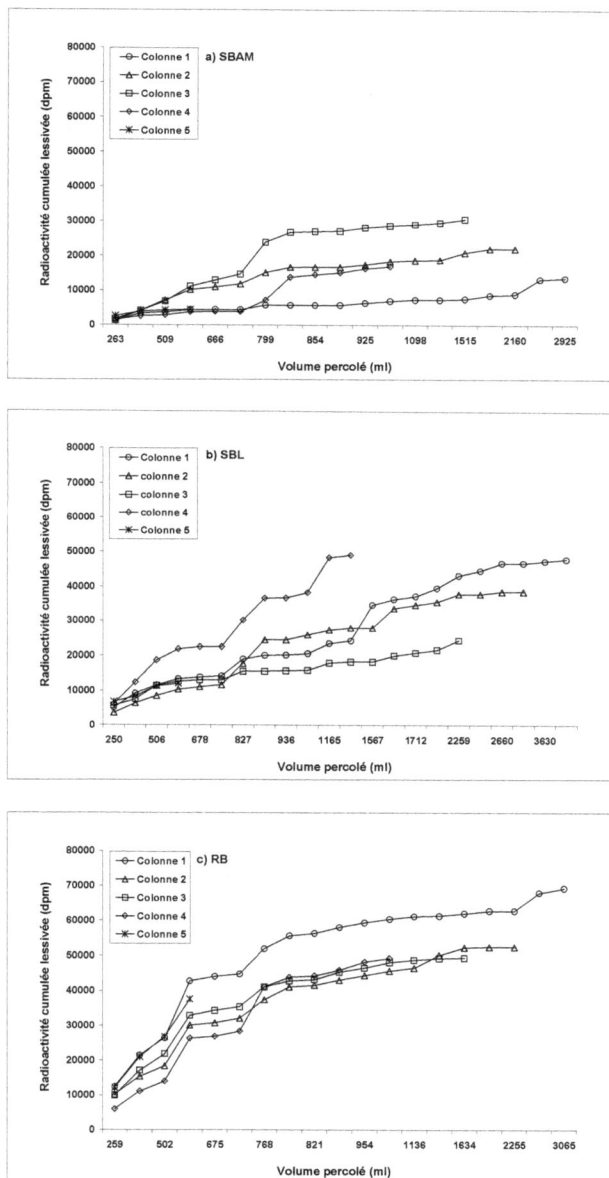

Figure 4. 5. Lessivage cumulé du ^{14}C-glyphosate au niveau de chacune des colonnes d'un même type de sol : a) sol brun alluvial marmorisé, b) sol brun lessivé, c) rendzine brunifiée.

3.2.3. Concentration en résidus de glyphosate dans les percolats :

La disponibilité du glyphosate au lessivage se traduit par des concentrations en résidus dans les eaux de percolation différentes suivant les sols étudiés. D'une manière générale, les concentrations les plus élevées ont été rencontrées, pour les trois sols, au cours de la première période d'expérimentation (3 à 4 mois après traitement) (figure 4.6).

La concentration moyenne en résidus des percolats des 3 sols augmente progressivement et passe par un maximum au 06/06/05 pour le sol brun alluvial marmorisé et la rendzine brunifiée avec respectivement 5,248 ± 3,252 et 15,97 ± 4,61 µg l^{-1}. Le sol brun lessivé ne passe par le maximum de concentration que plus tard (22 Juillet 05) avec 13,028 ± 3,698 µg l^{-1}. Ces fortes concentrations sont observées dans tous les cas pour des percolats de très faible volume (5 à 20 ml), mais paradoxalement à une période ou il ne reste que peu de résidus : environ 50 % de la dose appliquée pour le sol brun alluvial marmorisé, 30 % pour le sol brun lessivé et seulement 16 % pour la rendzine brunifiée. Toutefois, ces concentrations sont moins élevées que celles rapportées par De Jonge *et al.* (2000) qui indique une concentration maximum de glyphosate dans les percolats des colonnes d'un sol sablo-limoneux atteignant 0,75 mg l^{-1}.

Par la suite les concentrations en résidus baissent fortement dans tous les percolats mais restent supérieures à la norme européenne de 0,1 µg l^{-1}. Ces valeurs sont à rapprocher de celles de Kjaer *et al.* (2003) [dans Vereecken (2005)] qui montrent que la concentration moyenne en glyphosate détectée dans l'eau de drainage de 4 sols agricoles différents varie entre 0,01 et 4,7 µg l^{-1} au cours des 2 ans qui suivent l'application

Au total, les quantités de résidus lessivées en équivalent glyphosate restent faibles. Par taux décroissant de lessivage des 3 sols nous avons : la rendzine brunifiée (4,553 µg) > le sol brun lessivé (3,256 µg) > le sol brun alluvial marmorisé (1,84 µg) ou respectivement par rapport à la dose appliquée 0,28 ; 0,20 et 0,11 % (figure 4.4). La même observation a été notée par Landry *et al.* (2005) qui ont montré que le pourcentage cumulé de glyphosate+AMPA lessivé à partir de colonnes de 2 sols agricoles est faible ; leurs valeurs variaient entre 0,05 et 0,21 % après 1 an de traitement. Cheah *et al.* (1997) font état de pourcentages de glyphosate lessivé dans des micro colonnes de sol bien plus faibles et atteignant seulement entre 0,044 et 0,073 % de la quantité de glyphosate appliquée à un sol organique et à un sol sablo-limoneux respectivement. Par contre, les résultats obtenus par De Jonge *et al.* (2000) avec des colonnes de 2 sols agricoles, l'un sol sablo-limoneux et l'autre sableux, indiquent un lessivage très différent : 19,6 et 0,28 % de la quantité initiale appliquée.

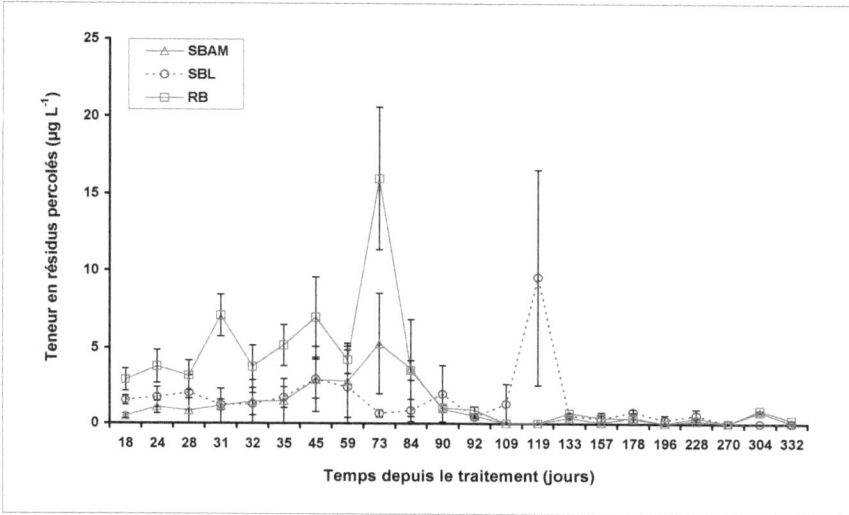

Figure 4. 6. Evolution de la concentration en résidus de glyphosate dans les percolats en fonction du temps et pour les trois sols : sol brun alluvial marmorisé, sol brun lessivé et rendzine brunifiée.

On constate que si les quantités lessivées sont différentes entre la rendzine et le sol brun alluvial c'est que les concentrations en résidus sont différentes tandis que les volumes d'eau sont comparables et seuls les volumes du sol brun lessivés sont nettement supérieurs aux 2 autres sols (figures 3.3 et 3.6). Donc, les propriétés physiques du sol qui favorisent une circulation rapide de l'eau peuvent prédominer sur l'effet de la sorption/désorption et entraîner un lessivage plus important.

Dans notre cas d'étude le potentiel polluant du sol brun lessivé et du sol brun alluvial marmorisé, apprécié sur la base des caractéristiques de leur capacité de sorption/désorption aurait dû être très proche. Du point de vue physique, seules leurs propriétés structurales les différencient et la circulation rapide de l'eau est favorisée dans le sol brun lessivé. En effet, les vitesses d'infiltration pour ces sols sont, au moment de l'application du glyphosate de : 103,7±21,8 cm j⁻¹ pour le sol brun alluvial marmorisé; 139,6±34,9 cm j⁻¹ pour le sol brun lessivé et 151,8±44,1 cm j⁻¹, pour la rendzine brunifiée respectivement.

Cette circulation rapide de l'eau dans certains sols est susceptible de favoriser le transport sous forme adsorbée (De Jonge *et al.*, 2000).

Même si la concentration du glyphosate dans certains percolats est très élevée par rapport à la référence de 0,1 µg/l dans l'eau potable, le faible volume et donc la faible quantité percolée entraîne une contamination très limitée de la ressource en eau. La même observation a été notée par De Jonge *et al.* (2000) et Fomsgaard *et al.* (2003). Par ailleurs, on verra plus loin que la majeure partie des résidus de glyphosate dans les trois sols (résidus extractibles et non extractibles) reste principalement dans le premier niveau des colonnes (entre 0-5 cm) et que seulement des traces sont rencontrées dans les niveaux inférieurs. Ceci est bien conforme à une circulation des résidus par flux préférentiel.

Mais le potentiel polluant est également dépendant des capacités des sols à dégrader et à minéraliser le glyphosate. La demi-vie de dissipation des résidus extractibles dans ces trois sols est très différente (résultats présentés au chapitre précédent, paragraphe 3.3). En conditions de laboratoire (incubation à 20 °C et humidité à 80 % de la capacité de rétention), elle est d'environ 4 jours pour la rendzine brunifiée, 14 jours pour le sol brun lessivé et de 19 jours pour le sol brun alluvial marmorisé. Ceci implique que, dans nos conditions de travail ou la biodégradation a été favorisée, la quantité de résidus (glyphosate et AMPA) présente à la surface du sol et disponible au transfert diminue considérablement plus vite dans la rendzine brunifiée que dans le sol brun alluvial marmorisé. Le pouvoir polluant de la rendzine brunifiée peut donc être compensé par sa forte capacité de minéralisation. Les conditions climatiques rencontrées pendant la période comprise entre le traitement et le premier percolat (10,5 °C et humidité constante) ont été de nature à atténuer les possibilités de lessivage dans la rendzine brunifiée et le sol brun lessivé. De plus la dégradation donne lieu à la présence de produits comme l'AMPA et/ou la sarcosine, dont les capacités d'adsorption/désorption diffèrent de la molécule mère.

L'analyse des percolats ne nous a pas permis de mettre en évidence la sarcosine (temps de rétention égal à celui de composés organique co-élués) mais elle à montré la prédominance de l'AMPA dans les résidus lessivés (Tableau 4.1). L'AMPA représente, dès le premier percolat, 100 % des résidus lessivés dans le cas de la rendzine brunifiée mais seulement 45,8 % dans le sol brun lessivé et 36,7 % dans le sol brun alluvial marmorisé. Landry *et al.* (2005) ont également observé la présence de l'AMPA dès les premiers percolats de 2 sols agricoles ; avec un pourcentage de 2 à 3 fois supérieur à celui du glyphosate, et ce jusqu'à la fin d'expérimentation : 1 an après le traitement.

Tableau 4.1 : Part respective du glyphosate dans les percolats des 3 sols : sol brun alluvial marmorisé, sol brun lessivé et rendzine brunifiée

Jours après traitement	Sol brun alluvial marmorisé		Sol brun lessivé		Rendzine brunifiée	
	Glyphosate %	AMPA %	Glyphosate %	AMPA %	Glyphosate %	AMPA %
18	63,3	36,7	54,2	45,8	nd	100
24	100	nd	6,6	93,4	100	nd
28	100	nd	nd	nd	nd	nd
31	100	nd	29.8	70.2	nd	100
32	nd	nd	100	nd	59,2	40,8
35	27,6	72,4	27,6	72,4	78,9	21,1
45	92,1	7,9	nd	nd	51,4	48,6
59	100	nd	43,2	56,8	nd	nd
73	98,6	1,4	nd	100	nd	100
84	98,8	1,2	nd	100	nd	100
90	100	nd	nd	100	nd	100
92	94,9	5,1	nd	100	nd	nd
109	0	0	nd	nd	0	0
119	0	0	nd	100	0	0
133	75	25	44,6	55,4	52,7	47,3
157	80,9	19,1	nd	nd	nd	nd
178	nd	nd	nd	100	nd	100
196	0	0	nd	100	0	0
228	47,1	52,9	100	nd	nd	100
270	nd	nd	nd	100	nd	100
304	nd	nd	nd	100	nd	nd
332	0,1	99,9	nd	100	28,6	71,4

nd : inférieur à la limite de détection

3.2.4. Conclusion

Le manque de pluies efficaces pendant les jours qui ont suivi le traitement à conduit à l'obtention de percolats seulement 18 jours après application de l'herbicide, à savoir après une période suffisamment longue pour permettre une minéralisation importante du glyphosate même au niveau du sol acide (voir les résultats d'analyse des résidus dans le sol). Cependant, des résidus de glyphosate sont détectés pour les 3 sols dès les premiers percolats qui surviennent 18 jours après le traitement.

Nous pouvons remarquer que la concentration en glyphosate des percolats des 3 sols reste supérieure à la norme européenne de 0,1 µg l^{-1} jusqu'à la fin de l'expérimentation. Au total, sur une année, les quantités de résidus lessivés en équivalent glyphosate restent cependant faibles : entre 0,11 et 0,28% de produit appliqué pour les 3 sols.

Pour ce qui concerne l'AMPA, il représente dès le premier percolat, 100 % des résidus lessivés dans le cas de la rendzine brunifiée mais seulement 45,8 % pour le sol brun lessivé et 36,7 % pour sol brun alluvial marmorisé. Il faut toutefois nuancer ces résultats car compte tenu du marquage au ^{14}C et des difficultés analytiques par HPLC, la sarcosine, n'est pas prise en compte dans l'effet polluant du glyphosate.

Par ailleurs, la relativement lente biodégradation du glyphosate dans le sol brun alluvial marmorisé pourrait contribuer à réduire les possibilités de contamination de l'eau libre de ce sol car la molécule mère est fortement adsorbée et les flux préférentiels vraisemblablement faibles. Une étude concernant l'adsorption de l'AMPA serait souhaitable pour apprécier sa mobilité relative par rapport au glyphosate.

Ainsi, la biodégradation, conditionnée par l'adsorption/desorption de l'herbicide mais aussi par les conditions édaphiques qui déterminent l'activité de la microflore peut influer fortement sur le potentiel polluant du couple sol-pesticide et sur la nature de la pollution.

D'une manière générale, ces résultats indiquent une faible disponibilité du glyphosate au transfert, en particulier si de faibles précipitations suivent le traitement. L'humidité du sol favorise alors la dégradation et une contamination éventuelle de l'eau par l'AMPA.

3.3. Suivi des résidus dans le sol

3.3.1. Distribution des résidus de glyphosate avec la profondeur

Le prélèvement d'une colonne de chaque sol à différentes dates et l'examen de la distribution des résidus permet d'établir la demi-vie du glyphosate, d'évaluer sa mobilité dans le sol et de préjuger de son mode de transport dans le sol pour les conditions rencontrées.

Les valeurs figurant au tableau 4.2, concernent les dosages effectués sur une seule colonne de chaque sol prélevée à la date indiquée. Les déviations standard concernent la précision de la mesure pour un niveau donné et les valeurs moyennes indiquées ne reflètent pas l'hétérogénéité de fonctionnement des différentes colonnes d'un même sol.

Les résultats obtenus 15 jours après le traitement montrent une diminution extrêmement forte des résidus totaux présents dans les colonnes de sol (ensemble du profil d'une colonne). Seulement 71,85 % de la radioactivité appliquée est retrouvée dans le sol brun alluvial marmorisé, 51,47 % dans le sol brun lessivé et 30,05 % dans la rendzine brunifiée (tableau 4.2). Au cours du temps, les résidus dans les sols diminuent et la différence entre chaque type de sol s'atténue. A 332 jours après traitement, le total de la radioactivité présente dans les 3 sols et dans le même ordre n'est plus que de 21,71 ; 19,88 et 12,19 %. Cette perte en résidus peut être attribuée pour l'essentiel à la minéralisation du glyphosate dans la mesure où ce produit n'est pas volatile et que le lessivage représente moins de 0,3 % dans les trois sols.

Tableau 4.2 : Evolution au cours du temps des pourcentages de résidus extractibles et non extractibles (glyphosate et AMPA) dans les profils des trois sols étudiés (en % par rapport à la dose appliquée).

Temps jours	cm	Sol brun alluvial marmorisé Résidus % Extractibles KH2PO4	Non extractibles	Total	Sol brun lessivé Résidus % Extractibles KH2PO4	Non extractibles	Total	Rendzine brunifiée Résidus % Extractibles KH2PO4	Non extractibles	Total
0	0-5	33,3 (±0,33)	66,7 (±0,3)	100	44 (±1,33)	56 (±1,3)	100	26,7 (±0,77)	73,3 (±0,8)	100
	5-10	0 (±0,0)	0 (±0,0)	0 (±0,0)	0 (±0,0)	0 (±0,0)	0 (±0,0)	0 (±0,0)	0 (±0,0)	0 (±0,0)
	10-20	0 (±0,0)	0 (±0,0)	0 (±0,0)	0 (±0,0)	0 (±0,0)	0 (±0,0)	0 (±0,0)	0 (±0,0)	0 (±0,0)
	20-30	0 (±0,0)	0 (±0,0)	0 (±0,0)	0 (±0,0)	0 (±0,0)	0 (±0,0)	0 (±0,0)	0 (±0,0)	0 (±0,0)
15	0-5	30,36 (±1,49)	41,18 (±5,65)	71,54	24,74 (±1,53)	25,02 (±2,43)	49,76	8,35 (±0,11)	21,44 (±1,42)	29,79
	5-10	0.06 (±0,01)	0,12 (±0,09)	0,18	0,55 (±0,01)	0.43 (±0,2)	0,98	0,06 (±0,02)	0,05 (±0,08)	0,11
	10-20	0,11 (±0,15)	0 (±0,0)	0,11	0,42 (±0,05)	0 (±0,0)	0,42	0,06 (±0,02)	0 (±0,0)	0,06
	20-30	0,02 (±0,03)	0 (±0,0)	0,02	0,31 (±0,05)	0 (±0,0)	0,31	0,09 (±0,04)	0 (±0,0)	0,09
30	0-5	22,74 (±1,3)	37,06 (±3,72)	59,80	20,98 (±0,84)	26 (±2,3)	46,98	5,67 (±0,13)	19,06 (±2,63)	24,73
	5-10	0,48 (±0,07)	1,19 (±0,19)	1,67	0,91 (±0,09)	0.84 (±0,29)	1,75	0,02 (±0,02)	0,08 (±0,07)	0,10
	10-20	0,02 (±0,02)	0,69 (±0,27)	0,71	0,31 (±0,05)	0 (±0,0)	0,31	0,01 (±0,01)	0 (±0,0)	0,01
	20-30	0,09 (±0,15)	0 (±0,0)	0,09	0.34 (±0,07)	0 (±0,0)	0,34	0,17 (±0,2)	0 (±0,0)	0,17
90	0-5	11,53 (±0,32)	31,54 (±2,03)	43,07	7,33 (±0,14)	19,31 (±0,2)	26,64	0,86 (±0,05)	14,33 (±1,46)	15,19
	5-10	0,36 (±0,05)	1,92 (±0,23)	2,28	0.90 (±0,05)	1,73 (±0,08)	2,63	0,08 (±0,03)	0,54 (±0,39)	0,62
	10-20	0,16 (±0,05)	1,01 (±0,08)	1,17	0,36 (±0,07)	0,26 (±0,11)	0,62	0,13 (±0,06)	0 (±0,0)	0,13
	20-30	0,06 (±0,02)	0 (±0,0)	0,06	0.19 (±0,08)	0 (±0,0)	0,19	0,04 (±0,05)	0 (±0,0)	0,04
180	0-5	6,11 (±0,12)	21,95 (±0,72)	28,06	5,78 (±0,25)	16.6 (±2,53)	22,38	0,41 (±0,04)	14,53 (±0,47)	14,94
	5-10	0,24 (±0,02)	1,09 (±0,1)	1,33	0,23 (±0,04)	0,48 (±0,05)	0,71	0,03 (±0,02)	0,11 (±0,1)	0,14
	10-20	0,18 (±0,05)	0,41 (±0,16)	0,59	0,08 (±0,03)	0 (±0,0)	0,08	0,07 (±0,03)	0 (±0,0)	0,07
	20-30	0,12 (±0,07)	0 (±0,0)	0,12	0,09 (±0,06)	0 (±0,0)	0,09	0,07 (±0,04)	0 (±0,0)	0,07
270	0-5	5,35 (±0,23)	19,93 (±3,3)	25,28	4,18 (±0,09)	16,9 (±2,7)	21,08	0,39 (±0,01)	12,31 (±1,39)	12,70
	5-10	0,37 (±0,01)	1,1 (±0,2)	1,47	0,21 (±0,02)	0,49 (±0,11)	0,70	0,05 (±0,03)	0,41 (±0,03)	0,46
	10-20	0,38 (±0,03)	0,45 (±0,07)	0,83	0,10 (±0,02)	0,06 (±0,03)	0,16	0,09 (±0,03)	0 (±0,0)	0,09
	20-30	0,34 (±0,03)	0 (±0,0)	0,34	0,10 (±0,03)	0 (±0,0)	0,10	0,07 (±0,05)	0 (±0,0)	0,07
332	0-5	0,48 (±0,03)	19,98 (±1,2)	20,46	3,25 (±0,05)	13,73 (±0,32)	16,98	0,55 (±0,03)	10,88 (±1,44)	11,43
	5-10	0,09 (±0,02)	0,69 (±0,08)	0,78	0,42 (±0,04)	1,79 (±0,25)	2,21	0,11 (±0,03)	0,39 (±0,04)	0,50
	10-20	0,11 (±0,02)	0,23 (±0,06)	0,34	0,05 (±0,03)	0,63 (±0,37)	0,68	0,12 (±0,02)	0 (±0,0)	0,12
	20-30	0,13 (±0,04)	0 (±0,0)	0,13	0,01 (±0,01)	0 (±0,0)	0,01	0,14 (±0,04)	0 (±0,0)	0,14

Si nous considérons seulement les résidus extractibles (tableau 4.2 et figure 4.7) ; résidus susceptibles d'alimenter la contamination de l'eau qui traverse le sol, nous observons qu'ils représentent, 15 jours après le traitement, 42,5 % des résidus totaux présents dans le sol brun alluvial marmorisé, 50,5 % dans le sol brun lessivé et 28,5 % dans la rendzine brunifiée. La rendzine brunifiée, bien que représentant le sol qui possède le moins de résidus totaux et la plus faible part de résidus extractibles, est aussi le sol qui assure les percolats les plus concentrés en résidus. Ceci souligne l'importance, non pas de l'adsorption/désorption puisqu'il s'agit ici des résidus extractibles, mais, peut-être, du mode de circulation de l'eau dans le sol.

La part des résidus extractibles par rapport aux résidus totaux présents dans chacun des types de sol diminue avec le temps. Malgré cette baisse en résidus extractible le niveau de contamination des percolats reste constant ou même progresse et les plus fortes concentrations en résidus dans les percolats sont observées à 70 et 100 jours après application du produit alors que les résidus totaux et extractibles ne représentent qu'un faible pourcentage par rapport à la dose appliquée (46,58 ; 21,3 et 15,98 % en résidus totaux et 12,11 ; 8,78 et 1,11 % en résidus extractibles respectivement pour le sol brun alluvial marmorisé, le sol brun lessivé et la rendzine brunifiée). Ces résultats semblent également souligner le rôle prédominant de la circulation de l'eau dans la colonne de sol. En effet, en fonction des modifications structurale cours du temps, il y a perte de macroporosité, l'infiltration est ralentie et les surfaces explorées par l'eau augmentent. Ceci interviendrait en faveur de la désorption.

En termes quantitatifs, ces résultats diffèrent fortement de ceux de Landry *et al.* (2005) qui ont observé que le pourcentage total de résidus extractibles (glyphosate +AMPA) dans les colonnes de 2 sols variaient entre 0,007 et 0,011 % de la quantité appliquée tandis que le total résidus extractibles, plus résidus de glyphosate percolées atteint 0,217 et 0,061 % pour les 2 sols respectivement. Ils soulignent cependant, la minéralisation rapide de glyphosate dans le sol et la formation probable des résidus non extractibles. Enfin, Feng et Thompson (1990) montrent que le total des résidus extractibles de glyphosate dans différents sols, 360 jours après le traitement, est compris entre 6 et 18 % de la quantité appliquée.

La présence de résidus de glyphosate dans le premier percolats des colonnes de sol nous a conduit à émettre l'hypothèse d'une circulation des résidus par flux préférentiel. L'examen de la distribution des résidus dans le profil des colonnes de sol constitue un moyen pour confirmer ce mode de transport. Quel que soit le sol, on observe, jusqu'à 15 jours après le traitement que 95,14 à 99,6 % des résidus se situent dans le niveau 0-5 cm et que seulement des traces sont rencontrées dans les niveaux inférieurs. Ceci est bien conforme à une circulation préférentielle ; les résidus désorbés à la surface ne sont que partiellement ré adsorbés par le sol des niveaux inférieurs en raison d'une circulation rapide de l'eau qui n'autorise pas d'équilibre et des faibles surfaces de contact sol-eau. A 30 et surtout à 90 jours après le traitement, alors que le total des résidus diminue dans la colonne, on remarque une augmentation significative des résidus dans le niveau 5-10 cm. Cet accroissement des résidus en 5-10 cm pourrait indiquer une redistribution due à une circulation de l'eau par la porosité fine (circulation matricielle). Nos résultats confirment donc ceux de Feng et Thompson (1990) qui ont montré que plus de 90% de glyphosate appliqué se trouve à dans la couche de surface de différents sols 1 an après le traitement. La même observation a été réalisée par Roy *et al.* (1989) qui montrent que 95 % du total des résidus de glyphosate sont présents dans la couche organique de surface d'un sol de forêt après 1 an d'expérimentation sous conditions naturelles.

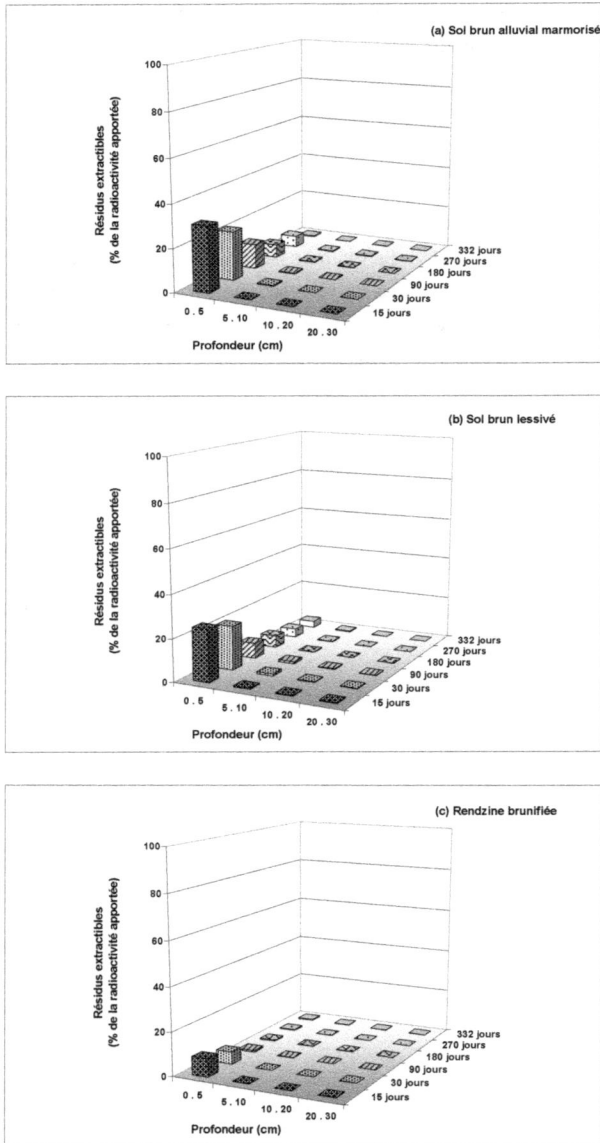

Figure 4. 7. Distribution dans le profil des trois sols des résidus extractibles de glyphosate par KH$_2$PO$_4$ 0,1 M : (a) sol brun lessivé, (b) sol brun alluvial marmorisé, (c) rendzine brunifiée.

Enfin nous soulignerons la place particulière des résidus non extractibles au KH_2PO_4. On observe que leur plus forte proportion se situe au temps 0. Juste après application du glyphosate, ils représentent 66,7 % dans le sol brun alluvial marmorisé; 56 % dans le sol brun lessivé et 73 % dans la rendzine brunifiée (tableau 4.2 et figure 4.8). Ces valeurs chutent à 58 ; 50,3 et 72 % après 15 jours d'application (pourcentage par rapport aux résidus totaux de glyphosate). Bien que nos valeurs soient supérieures, elles sont en accord avec celles publiées par Eberbach (1999) qui montre également la formation rapide de résidus non extractibles dès l'application du glyphosate (50 % de la dose appliquée 24 h après le traitement). À la fin de l'expérimentation, et suite à la minéralisation du glyphosate, les résidus non extractibles représentent plus de 80% des résidus totaux présents dans chacun des trois sols. Mais, par rapport à la dose appliquée le pourcentage de résidus non extractibles atteint seulement 20,9 % dans le sol brun alluvial marmorisé, 16,15 % dans le sol brun lessivé et 11,27% dans la rendzine brunifiée. La formation immédiate et en grande quantité de résidus non extractibles suggère l'entraînement du produit dans des espace non accessibles au KH_2PO_4, lors de l'invasion capillaire par la solution d'apport de l'herbicide au moment du traitement sur sol sec ou l'intervention de la diffusion, qui paraît cependant moins probable sur un temps court (T0). Leur niveau de formation serait donc dépendant de l'humidité du sol au moment du traitement (Guimont *et al.*, 2005).

La baisse très lente de leur teneur dans le sol au cours du temps tend à indiquer qu'ils sont susceptibles de revenir sous forme extractible et/ou disponibles à la fois pour la dégradation par les microorganismes du sol et pour l'entraînement par l'eau. Cette réversibilité expliquerait alors la présence de résidus dans les percolats, en concentration relativement élevée, même après une période d'un an. Du point de vue environnemental et de la protection de la qualité de l'eau, dans la mesure où la contamination de l'eau est assurée par le glyphosate et ses produits de dégradation (AMPA et sarcosine), cela signifie que la persistance à considérer pour préjuger du potentiel contaminant du glyphosate est celle qui se réfère à la minéralisation de la molécule en conditions naturelles et non celle donnée par le dosage des résidus extractibles ou à plus forte raison celle donnée par le dosage du glyphosate extractible, qui elle est bien plus faible.

Dans notre travail, réalisé avec du ^{14}C-phosphonomethyl glyphosate, qui ne permet de prendre en compte que l'AMPA comme métabolite, la demi-vie de minéralisation est de 81 jours pour le sol brun alluvial marmorisé; de 37 jours pour le sol brun lessivé et de 10 jours pour la rendzine brunifiée. Nos valeurs de la persistance sont bien inférieures à celles présentées par Feng et Thompson (1990) qui indiquent que la demi-vie du glyphosate (seul) dans différents sols agricoles sous conditions naturelles est comprise entre 45 et 60 jours.

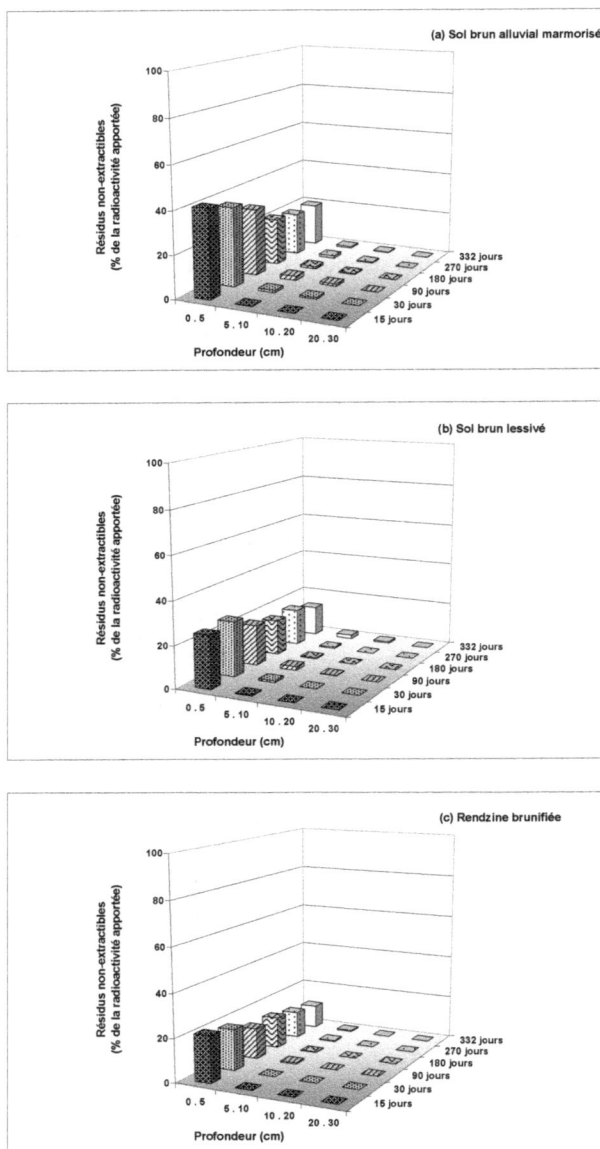

Figure 4. 8. Distribution des résidus de glyphosate non extractible par KH_2PO_4 0,1 M dans le profil des trois sols : (a) sol brun lessivé, (b) sol brun alluvial marmorisé, (c) rendzine brunifiée.

Par contre, Grunewald *et al.* (2001) ont noté pour 3 sols agricoles une demi-vie plus courte, comprise entre 11 et 17 jours.

En incubation à 20 °C, avec ces mêmes sols, la demi-vie de minéralisation dans le sol brun alluvial marmorisé, le sol brun lessivé et la rendzine brunifiée est respectivement de 43, 32 et 14 jours et la demi-vie du glyphosate extractible à l'eau de 19, 14 et 4 jours (résultats présentés dans le chapitre de dégradation du glyphosate aux conditions contrôlées).

D'une manière générale on observe que la minéralisation du glyphosate est particulièrement rapide dans la rendzine brunifiée, certainement en raison de son pH à l'origine d'une rétention réduite et d'une désorption facile, mais aussi favorable à l'activité bactérienne. L'inverse est observé pour le sol brun alluvial marmorisé qui par son acidité est peu favorable à l'activité bactérienne et manifeste une forte rétention du glyphosate.

3.3.2. Conclusion

Les résidus extractibles dans les trois sols étudiés constituent des résidus susceptibles d'alimenter la contamination de l'eau qui les traverse. Nous observons qu'ils représentent, 15 jours après le traitement, entre 28,5 et 50,5 % des résidus totaux de chacun des 3 sols. Puis ce pourcentage diminue avec le temps. Malgré cette baisse en résidus extractible le niveau de contamination des percolats reste constant et même progresse ponctuellement.

Cependant, nous avons pu observer, pour tous les sols, une forte formation des résidus non extractibles dès le temps 0 (immédiatement après traitement). Une baisse très lente de leur teneur dans le sol a été observée au cours du temps. Cette observation tend à indiquer qu'ils sont susceptibles de revenir sous formes extractibles et/ou disponibles à la fois pour la dégradation par les microorganismes du sol et pour l'entraînement par l'eau

D'une manière générale, et pour les 3 sols étudiés, la faible redistribution des résidus dans le profil de sol est due à une forte rétention du glyphosate et à une circulation par flux préférentiel limitant la ré-adsorption. Ceci peut expliquer la présence de plus de 90 % des résidus dans le niveau 0-5 cm, une circulation par voie matricielle réduite et seulement des traces de résidus rencontrées dans les niveaux inférieurs des colonnes de sol.

3.3.3. Identification des résidus extraits

L'analyse du glyphosate et ses métabolite (AMP et sarcosine) n'a pu être réalisée que sur les extraits de sol à l'eau distillée de chaque niveau des colonnes après dérivation en milieu basique, ce qui n'est pas possible avec les extraits par KH_2PO_4 0,1 M. La part relative des différents résidus est présentée dans le tableau (4.3). Le dosage du glyphosate et de ses deux métabolites, a été réalisé par HPLC équipé à la fois d'un détecteur fluorimétrique (figure 4.9 et 3.10), et d'un détecteur de radioactivité.

À l'examen des résultats du tableau 4.3, on constate que la composition des extraits varie suivant le sol, en particulier au cours de la première période jusqu'à 30 jours après le traitement. L'AMPA est présent dans les extraits de tous les sols dès le premier percolat obtenu 15 jours après le traitement. Dans le sol brun alluvial marmorisé, dans lequel le glyphosate se minéralise moins rapidement que dans les deux autres sols étudiés, le glyphosate est transformé en AMPA à près de 32 % au cours des 15 et 30 jours qui suivent le traitement tandis que le glyphosate représente 68 % des résidus extractibles pour cette période. Puis, la part relative de l'AMPA monte jusqu'à plus de 90 % en fin d'expérimentation. Pour les deux autres sols, où la dégradation du glyphosate est plus rapide, l'AMPA représente 15 jours après le traitement et jusqu'à la fin de l'expérimentation, 82 à 100 % des résidus dans le sol brun lessivé. Pour la rendzine brunifiée, dans laquelle le glyphosate se minéralise encore plus vite que dans les deux sols bruns, la présence de l'AMPA est supérieure à 96 % des résidus extractibles dans tous les niveaux des colonnes de sol tout au long de l'expérimentation (tableau 4.3). Ces résultats sont soutenus par ceux obtenus par Landry *et al.* (2005) qui notent également la forte présence de l'AMPA dans les résidus extractibles de colonnes sol de 2 sols agricoles.

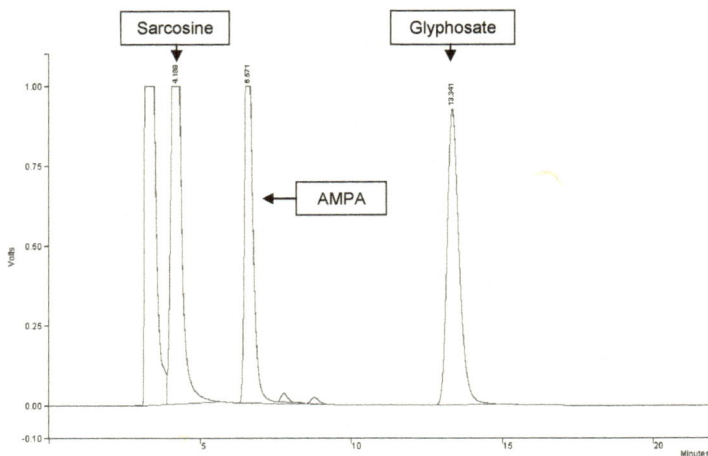

Figure 4. 9. Chromatogramme d'une solution aqueuse étalon de glyphosate, d'AMPA et de Sarcosine. Détection réalisée par fluorimétrie.

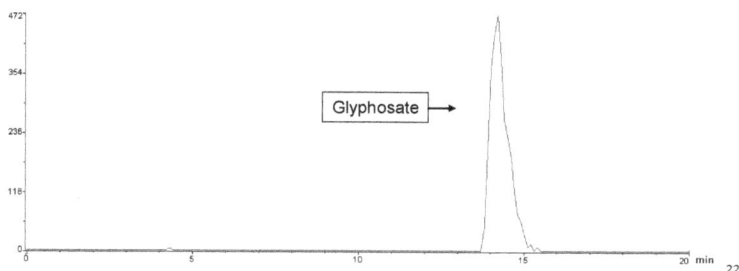

Figure 4. 10. Chromatogramme d'une solution aqueuse étalon de glyphosate réalisé par détection β^- du ^{14}C-glyphosate phosphonométhyl.

Tableau 4.3 : Part relative du glyphosate et de l'AMPA dans les résidus extractibles des 3 sols étudiés (sol brun lessivé, sol brun alluvial marmorisé et rendzine brunifiée)

Temps jours	cm	Sol brun alluvial marmorisé Résidus %		Sol brun lessivé Résidus %		Rendzine brunifiée Résidus %	
		Glyphosate	AMPA	Glyphosate	AMPA	Glyphosate	AMPA
0	0-5	100	nd	100	nd	100	nd
	5-10	nd	nd	nd	100	0,03	99,9
	10-20	nd	nd	nd	100	nd	100
	20-30	nd	nd	nd	100	0,24	99,8
15	0-5	68,60	31,40	8,37	91,63	2,70	97,3
	5-10	nd	nd	nd	100	0,03	99,9
	10-20	nd	nd	nd	100	nd	100
	20-30	nd	nd	nd	100	0,24	99,8
30	0-5	68,14	31,86	11,42	88,58	3,29	96,7
	5-10	nd	100	2,86	97,14	1,24	98,8
	10-20	nd	100	nd	100	nd	100
	20-30	nd	100	nd	100	nd	100
90	0-5	1,92	98,08	nd	100	nd	100
	5-10	nd	100	6,09	93,91	nd	100
	10-20	nd	100	nd	100	nd	100
	20-30	nd	100	nd	100	0,52	99,5
180	0-5	2,28	97,72	nd	100	3,35	96,7
	5-10	nd	100	100	nd	0,43	99,6
	10-20	1,07	98,93	nd	100	5,21	94,8
	20-30	nd	100	3,44	96,56	9,42	90,6
270	0-5	10,58	89,42	nd	100	nd	100
	5-10	nd	100	nd	100	nd	100
	10-20	nd	100	nd	100	nd	100
	20-30	nd	100	nd	100	nd	nd
332	0-5	2,49	97,51	18,09	81,91	nd	100
	5-10	nd	nd	nd	100	nd	95,6
	10-20	nd	nd	nd	100	nd	100
	20-30	nd	nd	nd	100	nd	nd

nd : inférieur à la limite de détection

3.3.4. Conclusion

Le glyphosate possède deux métabolites : l'AMPA que l'on trouve souvent associé au
glyphosate dans les résultats d'analyse de pollution de la ressource en eau et la sarcosine,
non citée dans les analyses de résidus dans l'eau, soit parce qu'elle ne pose pas de
problèmes toxicologiques et donc n'est pas recherchée, soit parce qu'il est difficile de la
doser. Indépendamment de ces considérations la sarcosine représente un polluant potentiel
des eaux. La présence de glyphosate et d'AMPA dans les extraits des sols varie suivant le
sol. La vitesse de dégradation et de minéralisation du glyphosate dans les différents sols
conduit à une présence plus ou moins importante d'AMPA dans les extraits. Plus la
dégradation est rapide plus la présence de l'AMPA est importante dans les sols ce qui
conduit à une différence qualitative de la pollution de la solution de l'eau.

Dans le carde d'une évaluation environnementale de la situation, nos expérimentations
mettent en avant qu' une attention toute particulière doit être portée aux métabolites issus de
la dégradation du glyphosate et pour lesquels on trouve peu d'informations
environnementales.

4. Conclusion

Les résultats présentés dans ce travail font apparaître plusieurs points essentiels sur la
compréhension du transfert, de la dégradation et de la stabilisation du glyphosate dans les
différents sols étudiés sous conditions naturelles.

Toute d'abord, la possibilité de migration des résidus de glyphosate reste faible par rapport
d'autres herbicides (Atrazine, Sulcotrione) (Cherrier, 2003). Au total, le pourcentage de
résidus lessivée varie suivant le sol : la rendzine brunifiée 0,28 % > sol brun lessivé 0,20 % >
sol brun alluvial marmorisé 0,11 % de la dose appliquée.

Dans notre cas d'étude le potentiel polluant du sol brun lessivé et du sol brun alluvial
marmorisé, apprécié sur la base des caractéristiques de leur capacité de sorption/désorption
aurait dû être extrêmement proche. Du point de vue physique, seules leurs propriétés
structurales les différencient et la circulation rapide de l'eau est favorisée dans le sol brun
lessivé. Ainsi, les propriétés hydrodynamiques des sols influent fortement sur la mobilité des
résidus de glyphosate

Mais le potentiel polluant est également dépendant des propriétés biologiques ou des
capacités des sols à dégrader et à minéraliser le glyphosate. La forte sorption du glyphosate
dans le sol brun alluvial marmorisé et sa faible biodégradation qui en résulte contribue

certainement à réduire les possibilités de transport et de contamination de l'eau libre de ce sol par cette molécule. Inversement, pour la rendzine, la forte dégradation contribue à réduire la contamination par le glyphosate, mais elle est contrariée par une minéralisation plus lente de l'AMPA et son passage dans l'eau libre du sol Ainsi, la biodégradation, conditionnée par l'adsortion/desorption de l'herbicide mais aussi par les conditions édaphiques qui déterminent l'activité de la microflore peut influer fortement sur le potentiel polluant du couple sol-pesticide et sur la nature de la pollution.

La présence de résidus dans le premier percolats des colonnes nous a conduit à émettre l'idée d'une circulation des résidus par flux préférentiel. L'examen de la distribution des résidus dans le profil des colonnes de sol nous a permis de confirmer ce mode de transport prédominant dans les 3 sols étudiés.

Enfin, cette expérimentation a pu mettre en évidence une forte formation de résidus non extractibles dès l'application et une baisse très lente de leur teneur dans le sol au cours du temps. Ceci tend à indiquer que ces résidus concerne la molécule de glyphosate (puisque formés dès l'application) et que celui-ci est susceptible de revenir, au cours du temps, sous forme extractible et/ou disponibles à la fois pour la dégradation par les microorganismes du sol et pour l'entraînement par l'eau. Cette réversibilité expliquerait alors la présence de résidus dans les percolats, en concentration relativement élevée, même après une période d'un an.

Du point de vue environnemental et de la protection de la qualité de l'eau, dans la mesure où la pollution est assurée par le glyphosate et ses produits de dégradation (AMPA et sarcosine), cela signifie que la persistance à considérer est celle qui se réfère à la minéralisation de la molécule en conditions naturelles ou à l'ensemble des résidus présents dans le sol et non à celle donnée par le dosage des résidus extractibles et à plus forte raison, à celle donnée par le dosage du glyphosate extractible, qui elle est encore plus courte.

Conclusion générale

Le glyphosate, l'herbicide le plus utilisé au niveau mondial et son métabolite l'AMPA figurent parmi les produits à l'origine d'une contamination des ressources en eau. Suite aux difficultés analytiques, les travaux sur cet herbicide sont restés rares ou restreints à des études de laboratoire. Le devenir d'un herbicide dans le sol se défini par trois grands processus : l'adsorption/désorption, la dégradation et le transfert par l'eau dans le sol. L'objectif de notre travail a donc visé à l'analyse de ces 3 processus. Pour cela, des expérimentations ont été effectués sur 3 sols agricoles représentatifs de la région Lorraine (54-France) à l'échelle du laboratoire en conditions contrôlées et sous conditions climatiques naturelles.

La rétention et l'extractibilité du glyphosate

Le devenir de tout herbicide appliqué dans le milieu naturel est régi en premier lieu par sa rétention qui contrôle la disponibilité des résidus dans la solution du sol. En effet, cette disponibilité aura une incidence à la fois sur les phénomènes de dégradation, notamment biologique, et sur les possibilités de transfert en dehors de la zone traitée.

L'adsorption du glyphosate est représentée par des isothermes de type C pour les 3 sols étudiés. Ceci caractérise une répartition constante du soluté entre l'adsorbant et la phase liquide. Malgré sa forte solubilité dans l'eau (solubilité de 10,5 g.L^{-1}), il est intensément adsorbé par le sol. Cependant, il est moins adsorbé par la rendzine brunifiée (76,8 % du produit appliqué) que par les deux sols bruns : brun lessivé (87 %) et brun alluvial marmorisé (87,3 %). Le pH des sols semble constituer le facteur prédominant conditionnant son adsorption par le sol : l'adsorption diminue quand le pH de sol augmente.

La désorption du glyphosate est différente suivant le sol. Cette désorption par CaCl$_2$ 0,1 M est plus aisée à partir de la rendzine brunifiée (de 23,3 à 28,6 % en 5 pas de désorption) par rapport aux deux autres sols, brun lessivé et brun alluvial marmorisé (de 5,1 à 6,9 et de 6,6 à 7,4 % respectivement pour les deux sols en 5 pas de désorption). Pour ces 2 sols une plus forte hystérèse est observée même si d'une manière générale la désorption du glyphosate est difficile. Les valeurs obtenues sont proches de celles obtenues pour la trifluraline (Mamy et Barriuso, 2005) mais bien plus faibles que celles de la sulcotrione, l'atrazine et/ou le tébutame (Malterre, 1997 ; Grébil, 2000 ; Cherrier, 2003) représentant des composés à l'origine de la dégradation de la qualité de l'eau.

Sur la base de l'intensité de l'adsorption et de l'énergie des liaisons pouvant être impliquées on peut considérer comme d'autres auteurs que le glyphosate constitue un produit peu polluant à l'égard de la solution du sol et de l'eau qui circule à travers le sol.

Cependant, la forte adsorption laisse préjuger également d'une faible disponibilité du glyphosate par rapport à sa biodégradation par les microorganismes du sol.

La dégradation du glyphosate

Malgré sa forte adsorption et sa faible disponibilité dans le sol, la décomposition totale du glyphosate sous forme de $^{14}CO_2$ est très importante dans les 3 sols étudiés (près de 60 % en 80 jours) quelque soit le marquage au ^{14}C. Cette minéralisation, plus rapide dans la rendzine brunifiée que dans les deux autres sols ; en particulier au cours de la 1ère période d'incubation (17 premiers jours) est certainement due à la fois à une biomasse microbienne plus abondante dans ce sol et surtout à une biodisponibilité plus importante de la molécule mère.

La vitesse de minéralisation du glyphosate dans les différents sols conduit à des temps de demi-vies qui varient significativement suivant le sol, mais ils sont très proches suivant le marquage au ^{14}C. La demi-vie est de 42,5 jours pour le sol brun alluvial marmorisé quel que soit le marquage, de 31 et 33 ; 12 et 14 jours pour le sol brun lessivé et la rendzine brunifiée respectivement pour le produit marqué au ^{14}C sur le phosphonométhyl ou sur la glycine.

Le dosage des résidus extractibles permet d'apprécier la disponibilité du glyphosate à l'égard du transfert mais aussi de la dégradation. La disponibilité des résidus du glyphosate à l'extraction au cours de temps est liée fortement à son état de dégradation. Les résultats montrent que l'extractibilité du glyphosate varie dans un même type de sol avec le temps. Cette variabilité est retrouvée lorsqu'on fait varier le type pédologique des sols. Cependant, on observe que dans le sol à forte activité dégradante (rendzine brunifiée, pH 7,9), **la demi-vie des résidus extractibles du glyphosate (à l'eau) est courte (4 jours)**. Par contre, pour les sols à activité dégradante faible (sol brun alluvial marmorisé pH 5,1 ; sol brun lessivé pH 6,3), la persistance augmente (demi-vie de 19 jours et 14,5 jours respectivement) et les résidus sont plus disponibles à l'extraction.

L'analyse qualitative en HPLC des résidus extractibles permet d'identifier les métabolites de formés au cours d'incubation (AMPA et/ou la sarcosine) et montrer l'importance de la dégradation partielle de la matière active. Malheureusement, l'analyse par HPLC ne nous a pas permis de mettre en évidence la sarcosine (temps de rétention égal à celui de composés organique du sol co-extraits et co-élués). Nos résultats ne concernent donc que l'AMPA. L'apparition de l'AMPA au cours d'incubation varie significativement suivant la vitesse de minéralisation du glyphosate dans chaque sol. Dans la rendzine brunifiée, l'apparition de l'AMPA est plus précoce que dans les deux autres sols bruns (le glyphosate se dégrade plus vite dans la rendzine brunifiée). À la fin de l'incubation, après 80 jours, la molécule mère ne représente que 8,9 % des résidus présents dans l'échantillon analysé pour le sol brun alluvial marmorisé; 14,9 % pour le sol brun lessivé et 0,9 % pour la rendzine brunifiée. Ceci nous indique que les deux métabolites du glyphosate, l'AMPA et la sarcosine, doivent faire l'objet d'une attention particulière à l'avenir pour éviter toute contamination potentielle des eaux souterraines.

Finalement, la forte formation de résidus non extractibles de glyphosate dans les 3 sols immédiatement après le traitement semble très particulière au glyphosate et ne concerne à priori, à ce moment là, que la matière active (même cinétique de formation quel que soit le marquage au ^{14}C-phosphonométhyl ou ^{14}C-glycine). Ces résidus non extractibles échappent temporairement à la dégradation et doivent faire l'objet d'une attention particulière, car ils sont quantitativement importants. Pour le sol brun alluvial marmorisé, le pourcentage de résidus non extractibles est relativement élevé dès T0 (directement après le traitement) :18,1 et 16,6 % de la quantité initiale, respectivement pour le glyphosate ^{14}C-phosphonométhyl et ^{14}C-glycine. Ce taux progresse ensuite rapidement jusqu'à T3 (35 $\pm$ 1.31 %), reste stable jusqu'à T22, puis diminue très progressivement en fonction du temps jusqu'à la fin d'expérimentation (30 %), quel que soit le marquage au ^{14}C.

Toutefois, la formation des résidus non extractibles est plus rapide dans le sol brun lessivé que dans le sol brun alluvial marmorisé même si ces deux sols bruns présentent une constante d'adsorption K_f proche, 33,6 et 34,5 respectivement. Les résidus non extractibles dans le sol bun lessivé représentent à T0 43,1 % de la quantité initiale pour le glyphosate ^{14}C-phosphonométhyl et 44,4 %, pour le marquage au ^{14}C-glycine. Ce taux diminue progressivement avec 30,9 et 33,2 % respectivement en fin d'incubation. Par contre, la formation de résidus non extractibles pour la rendzine brunifiée est plus intense et rapide que dans les deux autres sols, elle atteint 41,3 et 44,3 % de la quantité initiale à T0 puis diminue jusqu'à la fin d'expérimentation et atteint 32,4 et 34,6 % respectivement.

Cette libération progressive des résidus non extractibles augmente probablement, le risque de contamination très diffuse de l'eau quel que soit le type de sol.

La mobilité du glyphosate

Même sa forte adsorption, la **dégradation** du glyphosate dans le sol est **rapide**. Cette dégradation influe sur le niveau et la nature des résidus disponibles à l'entraînement par l'eau. Cet aspect, déterminant pour la qualité de l'eau, a été examiné à l'aide de microlysimètres (colonnes de sol) soumises à des conditions climatiques naturelles. La mobilité du glyphosate se traduit par sa présence ou la présence de ses métabolites dans l'eau des percolats. L'analyse de nos résultats indique que les possibilités de migration des résidus de glyphosate reste faible par rapport d'autres herbicides (Atrazine, Sulcotrione) (Cherrier, 2003).Ce qui souligne le rôle de l'adsorption et de la dégradation. On constate que le pourcentage de résidus lessivés varie suivant le sol dans l'ordre suivant : rendzine brunifiée (0,28 %) > sol brun lessivé (0,20 %) > sol brun alluvial marmorisé (0,11 %) de la dose appliquée après 332 jours de traitement. Nous pouvons constater que le potentiel polluant du glyphosate n'est pas seulement dépendant de l'adsorption et des capacités des sols à le dégrader et à le minéraliser puisque les 2 sols bruns qui ont la même capacité d'adsorption présentent des exportations très différentes qui ne peuvent pas être justifiées par leur différence de capacité dégradante. Les propriétés hydrodynamiques des sols pourraient également fortement influer sur le lessivage des dérivés. Sous climat océanique et dans les conditions rencontrés (favorables à la dégradation), le lessivage du glyphosate est limité et la contamination de la ressource d'eau est principalement due à son métabolite : l'AMPA.

Les résidus extractibles dans les trois sols étudiés constituent des résidus susceptibles d'alimenter la contamination de l'eau qui traverse le sol. Nous observons qu'ils représentent, 15 jours après le traitement, entre 28,5 et 50,5 % des résidus totaux de chacun des 3 sols. Puis ce pourcentage diminue avec le temps. Malgré cette baisse en résidus extractibles le niveau de contamination des percolats reste constant. D'une manière générale, et pour les 3 sols étudiés, la faible redistribution des résidus dans le profil de sol est due à une forte rétention de glyphosate et à une circulation par flux préférentiel limitant la ré-adsorption. Ceci peut expliquer la présence de plus de 90 % des résidus dans le niveau 0-5 cm et seulement des traces rencontrées dans les niveaux inférieurs des colonnes de sol.

Malgré des demi vies courtes, la contamination de l'eau continue pendant une période de plus de 11 moins. Ceci doit être relié aux grandes quantités de résidus non extractibles constitués par le glyphosate juste après le traitement. Ces résidus, qui sont piégés dans la matrice de sol et ainsi non accessible à l'extraction, contribuent probablement au maintien de la contamination des eaux sur la durée.

L'ensemble de nos résultats permet de mieux comprendre les raisons de la pollution des eaux par le glyphosate et ses métabolites et appréhender les facteurs environnementaux qui influent sur les processus de sa dissipation. Plus que la mobilité spécifique du glyphosate ou de l'AMPA, c'est vraisemblablement la surconsommation et les mauvaises pratiques de traitement qui sont à l'origine des pollutions de la ressource en eau. Indépendamment de cette observation, il subsiste malgré tout, un risque de contamination des eaux souterraines. L'ampleur de ce risque (limité ou important) varie suivant les conditions climatiques rencontrées au moment d'application et le type de sol. Pour un même climat et juste après traitement ce risque est plus grand pour les sols superficiels de rendzine.

Références bibliographiques

Aamand J. et Jacobsen O.S. (2001). Sorption and degradation of glyphosate and dichlobenil in fractured clay. BCPC Symposium Proceedings n° 78 : Pesticide Behaviour in Soil and Water. 205-210.

Abbot D.C., Harrison R.B. et Tatton O.G. (1965). Organochlorine pesticides in the atmospheric environment. Nature. 208: 1317-1318.

Accinelli C., Koskinen W.C., Seebinger J.D., Vicari A. et Sadowsky M.J. (2005). Effects of incorporated corn residues on glyphosate mineralization and sorption in soil. J. Agric. Food Chem. 53: 4110-4117.

Addiscot T.M. (1984). Modelling the interaction between solute leaching in soils : a review of modelling approaches. J. Soil Sci. 36: 411-424.

Aderhold D. et Nordmeyer H. (1995). Leaching of herbicides in soil macropores as a possible reason for groundwater contamination. In : BCPC Monograph n° 62: Pesticide Movement to Water, Warwick UK, 3-5 april 1995. 217-222.

Agritox, INRA (2007). Base de données sur les substances actives phytopharmaceutiques. Site internet www.inra.fr/agritox/php.

Ahuja L.R. et Lehman O.R. (1983). The extend and nature of rainfall-soil interaction in the release of solubles chemicals to runoff. J. Environ. Qual. 12: 34-40.

Ahuja, L.R. (1986). Characterization and modeling of chemical transfer to runoff. Adv. Soil Science. 4: 149-188.

Alferness P.L. et Iwata Y. (1994). Determination of glyphosate and (Aminomethyl)phosphonic acid in soil, plant and animal matrices, and water by capillary Gas Chromatography with Mass-Selective Detection. J. Agric. Food Chem. 42: 2751-2759.

Al-Rajab A.J. et Schiavon M. (2005). La rétention du glyphosate sur trois sols agricoles différents. 35ième congrès du Groupe Français des Pesticides, 18-20 mai 2005, Marne La Vallée. p 6.

Al-Rajab A.J., Cherrier R. et Schiavon M. (2004). Extraction du glyphosate dans trois sols agricoles. Présentation orale. 8èmes Journées Nationales de l'Etude des Sols, Bordeaux (France), 26-28 Octobre 2004.

Anderson J.P.E. (1994). Kinetics of pesticide biodegradation in soils : principles and applications. 5 th International Workshop on Environmental Behaviour of Pesticides and Regulatory Aspects. Brussels April 26-29 1994. 211-217.

Andrea M.M., Tomita R.Y., Luchini L.C. et Musimeci M.R. (1994). Laboratory studies on volatilisation and mineralization of 14C-p-p'DDT in soil, release of bound residues and dissipation from solid surfaces. J. Environ. Sci. Health, B29: 133-139.

Andreux F., Portal J-M., Schiavon M. et Bertin G. (1992). The binding of atrazine and its dealkylated derivatives to humic-like polymers derived from catechol. Sci. Total Environ., 117/118: 207-217.

Atreya K. (2007). Pesticide use knowledge and practices: A gender differences in Nepal, Environ. Res. In press. 7 p.

Autio S., Siimes K., Laitinen P., Ramo S., Oinonen S. et Eronen L. (2004). Adsorption of sugar beet herbicides to Finnish soils. Chemosphere. 55: 215-226.

Barja B.C. et Afonso M.D.S. (2005). Aminomethylphosphonic acid and glyphosate adsorption onto goethite : a comparative study. Environ. Sci. Technol. 39: 585-592.

Barrett K.A. et McBride M.B. (2006). Trace element mobilisation in soils by glyphosate. Soil Sci. Soc. Am. J. 70: 1882-1888.

Barriuso E., Koskinen W. et Sorenson B. (1992). Modification of atrazine desorption during field incubation experiments. Sci. Total Environ.123/124: 333-344.

Barriuso E., Soulas G. et Schiavon M. (2000). Adsorption-désorption et dégradation des pesticides dans les sols. J. Eur. Hydrol. 1: 49-56.

Bedos C., Rousseau-Djabri M.F., Flura D., Masson S., Barriuso E. et Cellier P. (2002). Rate of pesticide volatilization from soil: an experimental approach with a wind tunnel system applied to trifluralin. Atmosph. Environ. 36: 5917-5925.

Benoit P. et Preston C.M. (2000). Transformation and binding of ^{13}C and ^{14}C-labeled atrazine in relation with straw decomposition in soil. Eur. J. Soil Sci. 51: 43-54.

Bidleman T.F. (1999). Atmospheric transport and air-surface exchange of pesticides. Water, Air and Soil Pollution. 115: 115-166.

Boiffin J., Papy F. et Peyre Y. (1986). Système de production, système de culture et risque d'érosion dans le Pays de Caux. Ministère de l'Agriculture, DIAME, INA-PG, INRA.

Bruns M. et Hershberger D. (2002). University of Minnesota. site internet: http://umbbd.ahc.umn.edu/gly/gly_map.html.

Burt G.W. (1974). Volatility of atrazine from plant, soil and glass surfaces. J. Environ. Qual. 2: 114-117.

Calvet R. (1989). Adsorption of organic chemicals in soils. Environ. Health Pers. 83: 145-177.

Calvet R., Barriuso E., Bedos C., Benoit P., Charnay M.P. et Coquet Y. (2005). Les pesticides dans le sol, Conséquences agronomiques et environnementales. Edition France Agricole, 637 p.

Calvet R., Terce M. et Arvieu J.C. (1980). Adsorption des pesticides par les sols et leurs constituants. I.- Description du phénomène d'adsorption. Annales Agronomiques. 31: 33-62.

Capriel P., Haisch A. et Khan S.U. (1985). Distribution and nature of bound (nonextractable) residues of atrazine in a mineral soil nine years after the herbicide application. J. Agric. Food Chem. 33: 567-569.

Carrizosa M.J., Koskinen W.C., Hermosin M.C. et Cornejo J. (2001). Dicamba adsorption-desorption on organoclays. Applied Clay Sci. 18: 223-231.

Cheah U.B., Kirkwood R.C. et Lum K.Y. (1997). Adsorption, desorption and mobility of four commonly used pesticides in Malaysian agricultural soils. Pestic. Sci. 50: 53-63.

Cheah U.B., Kirkwood R.C. et Lum K.Y. (1998). Degradation of four commonly used pesticides in malysian agricultural soils. Journal of Agricultural and Food Chemistry. 46: 1217-1223.

Cherrier R. (2003). Impact sur l'environnement de deux herbicides du maïs : la sulcotrione et l'atrazine. Thèse INPL, Nancy, 174 p.

Chester G., Simsiman G.V., Levy J., Alhajjar B.J., Fathulla R.N. et Harkin J.M. (1989). Environmental fate of alachlor and metolachlor. In: Reviews of Environmental Contamination and Toxicology, Springer-Verlag New York Inc. 110: 1-74.

Chevreuil M., Garmouma M., Teil M.J. et Chesterikoff A. (1996). Occurence of organochlorines (PCBs, pesticides) and herbicides (triazines, phenylureas) in the atmosphere and in the fallout from urban and rural stations of the Paris area. Sci. Total Environ. 182: 25-37.

Chiou C.T. (1989). Theoretical considerations of the partition uptake of nonionic compounds by soil organic matter, pp.1-29 Reactions and movements of organic chemicals in soil, SSSA Special Publication No. 22, Soil Science Society of America, Madison, WI. Ed.

Cliath M.M., Spencer W.F., Farmer W.J., Shoup T.D. et Grover R. (1980). Volatilization of s-ethyl n,n-dipropylthiocarbamate from water and wet soil during and after flood irrigation of an alfalfa field. J. Agric. Food Chem. 28: 610-613.

Cooper J.R., Jenkins J.J. et Curtis A.S. (1990). Pendimethalin volatility following application to turfgrass. J. Environ. Qual. 19: 508-513.

Couture G., Legris J., Langevin R. et Laberge L. (1995). Evaluation des impacts du glyphosate utilisé dans le milieu forestier. Ministère des Ressources naturelles, Direction de l'environnement forestier, Service du suivi environnemental, Québec, 187 p.

Cox C. (2000). Glyphosate Factsheet (sur internet). Journal of Pesticide Reform. 108(3): 1-16.

Cui H., Hwang H.M., Zeng K., Glover H., Yu H. et Liu Y. (2002). Riboflavin-photosensitized degradation of atrazine in a freshwater environment. Chemosphere. 47: 991-999.

Dakhel N. (2001). Effet des paramètres pédo-climatiques sur les mécanismes responsables de la dissipation de l'amitrole dans les sols : adsorption, dégradation et stabilisation des résidus. Thèse de l'INA Paris-Grignon.

Day G.M., Hart B.T., McKelvie et Beckett R. (1997). Influence of natural organic matter on the sorption of biocides onto goethite, II. Glyphosate. Environ. Technol. 18 : 781-794.

De Jonge H. et De Jonge L.W. (1999). Influence of pH and solution composition on the sorption of glyphosate and prochloraz to a sandy loam soil. Chemosphere. 39(5): 753-763.

De Jonge H., De Jonge L.W. et Jacobsen O.H. (2000). [^{14}C] Glyphosate transport in undisturbed topsoil columns. Pest Management Science. 56: 909-915.

De Jonge H., De Jonge L.W., Jacobsen O.H., Yamaguchi T. et Moldrup P. (2001). Glyphosate sorption in soils of different pH and phosphorus content. Soil Sci. 166: 230-238;

Dec J., Haider K., Benesi A., Rangaswamy V., Schäffer A., Plücken U. et Bollag J-M. (1997). Analysis of soil-bound residues of ^{13}C-labeled fungicide cyprodinil by NMR spectroscopy. Environ. Sci. Technol. 31: 1128-1135.

Deuet S., Dubourguier H.C. et Wijffels P. (1995). Successful land farming bioremediation of soils highly contaminated by coal tar residues. Environmental Science and Technology Abstract 5th International KfK/TNO Conf. Cont. Soils, Maastricht, The Netherlands.

Ding G., Novak J.M., Herbert S. et Xing B. (2002). Long-term tillage effects on soil metolachlor sorption and desorption behavior. Chemosphere. 48: 897-904.

Dion H.M., Harsh J.B. et Hill H.H. (2001). Competitive sorption betwen glyphosate and inorganic phosphate on clay minerals and low organic matte soils. J. Radioanalyical and Nuclear Chemistry. 249 : 385-390.

DIREN (2003). Direction régionale de l'Environnement Ile-de-France-SMA-, Info Phyto n°1-fc.doc. Site du Sénat : *http://www.senat.fr/rap/102-21562/102-215-247.html.*

Doliner L.H. (1991). Emploi avant récolte du glyphosate (RoundupMD). Document de travail, Agriculture Canada, Direction des pesticides. 107 p.

Domange N. (2005). Etude des transferts de produits phytosanitaires à l'échelle de la parcelle et du bassin versant viticole (Rouffach, Haut-Rhin). Thèse Université L. Pasteur, Strasbourg I. 287 p.

Dousset S., Chauvin C., Durlet P. et Thévenot M. (2004). Transfert of hexazinone and glyphosate through undisturbed soil columns in soils under Christmas tree cultivation. Chemosphere. 57: 265-272.

Eberbach P. (1998). Applying non-steady–state compartmental analysis to investigate the simultaneous degradation of soluble and sorbed glyphosate (N-(phosphonométhyl)glycine) in four soils. Pestic. Sci. 52: 229-240.

Eberbach P.L. (1999). Influence of Incubation temperature on the behaviour of triethylamine-extractable glyphosate (*N*-phosphonomethylglycine) in four soils. J. Agric. Food Chem. 47: 2459-2467.

Eberbach P.L. et Douglas L.A. (1991). Method for the determination of glyphosate and (Aminomethyl)phosphonic acid in soil using Electron Capture Gas Chromatography. Journal of Agricultural and Food Chemistry. 39: 1776-1780.

Ebing W. et Schuphan I. (1979). Studies on the behavior of environmental chemicals in plants and soil quantitatively investigated in closed cultivating systems. Ecotox. Environ. Safety. 3: 133-143.

Edwards W.M., Triplett G.B.J. et Kramer R.M. (1980). A watershed study of glyphosate in runoff. Journal of Environnemental Quality. 9(4): 661-665.

Feng J.C. et Thompson D.G. (1990). Fate of Glyphosate in a Canadian Forest Watershed. 2. Persistence in Foliage and soils. Journal of Agricultural and Food Chemistry. 38: 1118-1125.

Fomsgaard I.S., Spliid N.H. et Felding G. (2003). Leaching of pesticides through normal-tillage and low-tillage soil_a lysimeter study. 2. Glyphosate. Journal of environmental science and health. B38(1): 19-35.

Forlani G., Mangiagalli A., .Nielsen E. et Suardi C.M. (1999). Degradation of the phosphonate herbicide glyphosate in soil: evidence for a possible involvement of unculturable microorganisms. Soil Biology and Biochemistry. 31(7): 991-997.

Fournier J., (2005). Naissances de la protection chimique des cultures. XXXVe Congrès du Groupe Français des Pesticides, 18-20 Mai 2005, Marne La Valée.

Foy C.L. (1964). Volatility and tracer studies with alkylamino-s-triazines. Weeds. 12: 103-108.

Fusi P., Arfaioli P., Calamai L. et Bosetto M. (1993). Interactions of two acetanilide herbicides with clay surfaces modified with Fe(III) oxyhydroxides and hexadecyltrimethyl ammonium. Chemosphere. 27: 765-771.

Gao J.P., Maguhn J., Spitzauer P. et Kettrup A. (1998). Sorption of pesticides in the sediment of the teufelsweiher pond (southern Germany).I. Equilibrium assessement effect of organic carbon content and pH. Wat. Res. 32: 1662-1672.

Gaudet J-P., Jegat H., Vachaud G. et Wierenga P.J. (1977). Solute transfer with exchange betwenn mobile and immobile water through unsaturated sand. Soil Sci. Soc. Am. J. 41: 665-671.

Gavrilescu M. (2005). Fate of pesticides in the environment and its bioremediation. Eng. Life Sci. 5(6): 497-526.

Gerke H.H. et van Genuchten M.T. (1993). A dual-porosity model for simulating preferential movement of water and solutes in structured porous media. Water Resour. Res. 29: 305-319.

Gerritse R.G., Beltran J. et Hernandez F. (1996). Adsorption of atrazine, simazine and glyphosate in soil of Gnangara Mound, Western Australia. Aust. J Soil Res. 34: 599-607.

Getenga Z.M. et Kengara F.O. (2004). Mineralization of glyphosate in compost-amended soil under controlled conditions. Bull. Environ. Contam. Toxicol. 72: 266-275.

Gil Y. et Sinfort C. (2005). Emission of pesticides to the air during sprayer application: A bibliographic review. Atmospheric Environment. 39: 5183-5193.

Gimsing A.L., Borggaard O.K. et Sestoft P. (2004). Modeling the kinetics of the competitive adsorption and desorption of glyphosate and phosphate on goethite and gibbsite and in soils. Environmental Science & Technology. 38(6): 1718-1722.

Glass R.L. (1983). Liquid Chromatographic Determination of Glyphosate in fortified Soil and Water Samples. Journal of Agricultural and Food Chemistry. 31: 280-282.

Glass R.L. (1987). Adsorption of glyphosate by soils and clay minerals. J. Agric. Food Chem. 35: 497-500.

Glotfelty D.E., Taylor A.W., Turner B.C. et Zoller W.H. (1984). Volatilization of surface-applied pesticides from fallow soil. J. Agric. Food Chem. 32: 638-643.

Graham-Bryce I.J. (1981). The behaviour of pesticides in soil. In: The Chemistry Soil Processes. D Greenland and MHB Hayes Edits, 620-670.

Grébil G. (2000). Rétention, dégradation et mobilité du tébutame, Approche modélisée en conditions contrôlées et naturelles. Thèse de doctorat, INPL, Nancy, France. p. 160.

Grébil G., Novak S., Perrin-Ganier C. et Schiavon M. (2001). La dissipation des produits phytosanitaires appliqués au sol. Ingénieries n°sp écial Phytosanitaires 2001. 31-44

Green R.E. et Khan M.A. (1987). Pesticide movement in soil: Mass Flow and Molecular Diffusion, Chapter 9, In: Fate of pesticides in the environment. Proc. Technical Seminar, Oakland, Univ. California. Biggar J.W. and Seiber J.N. Eds. 87-92.

Grunewald K., Schmidt W., Unger C. et Hanschmann G. (2001). Behavior of glyphosate and aminomethylphosphonic acid (AMPA) in soils and water of reservoir Radeburg 2 catchment (Saxony/Germany). J. Plant Nutr. Soil Sci. 164: 65-70.

Guimont S., Perrin-Ganier C. et Schiavon M. (2003). Distribution de la bentazone dans les différents compartiments d'eau du sol au cours de sa migration : effet de l'humidité initiale du sol. XXXIIIème Congrès du Groupe Français des Pesticides, Aix en Provence, 20-24 mai 2003.

Guimont S., Perrin-Ganier C., Réal B. et Schiavon M. (2005). Effects of soil moisture and treatment volume on bentazon mobility in soil, Agronomy for Sustainable Development. 25: 323-329.

Hance R.J. (1976). Adsorption of glyphosate by by soils. Pesticides Science. 7: 363-366.

Haney R.L., Senseman S.A., Hons F.M. et Zuberer D.A. (2000). Effect of glyphosate on soil microbial activity. Weed Science. 48: 89-93.

Henriet J. (1979). Le problème des résidus de pesticides pour le consommateur et l'environnement. Revue de l'Agriculture. 32: 295-312.

Hensley D.L., Beuerman D.S.N. et Carpenter P.L. (1978). The inactivation of glyphosate by various soils and metal salts. Weed Research. 18: 287-291.

Hequet V., Gonzalez C. et Le Cloirec P. (1995). Approche méthodologique des conditions d'hydrolyse de l'atrazine. XXVème Congrès du Groupe Français des Pesticides, Montpellier, 17-18 mai 1995. 158-166.

Huston D.H. et Roberts T.R. (1990). Environmental fate of pesticides, Progress in pesticide biochemistry and toxicology. vol. 7. A Wiley-Interscience Publication. 286 p.

IFEN (2003). Les pesticides dans les eaux, Bilan annuel 2002. N°36. p 25.

IFEN (2006). Les pesticides dans les eaux, Données 2003 et 2004. N°5. p 40.

IUPAC Reports on Pesticides (1984). Non extractable pesticide residues in soi land plant. Pure Appl. Chem. 56: 945-956.

Jamet P. (1979). Le comportement des produits agropharmaceutiques dans le sol. Phytiatrie-Phytopharmacie. 28: 87-122.

Jamet P. (1986). Les principaux aspects du comportement des produits phytosanitaires dans le sol. Journées sur "L'utilisation raisonnée des produits agropharmaceutiques" ENSA, Rennes. 1-15.

Jamet P., Thoisy J-C. et Laredo C. (1984). Etude et modélisation de la cinétique d'adsorption et de désorption de l'UKJ-1506 dans le sol. In : Comportement et effets secondaires des pesticides dans le sol. Hascoet M. Ed. Les colloques de l'INRA. 31: 136-146.

Jaunky A. (2000). Etude de la volatilisation des pesticides incorporés dans un sol agricole : études expérimentales et modélisation. Thèse de l'Université Louis Pasteur.

Jouany J.M. (1996). Importance de l'évaluation globale des effets dans l'évaluation des risques en écotoxicologie aquatique : proposition d'un indice d'écotoxicité des substances chimiques. Actes du séminaire national Hydrosystèmes, 22-23 mai, Nancy. 150-163.

Jury W.A. et Flühler H. (1992). Transport of chemicals through soil: mechanisms, models and field applications. Adv. Agron. 47: 141-201.

Kan C.A. et Meijer G.A.L. (2007). The risk of contamination of food with toxic substances present in animal feed. Animal Feed Science and Technology. 133, 84-108.

Khan S.U. (1982). Bound pesticide residus in soil and plants. Residues Rev. 84: 1-25.

Khan S.U. et Ivarson K.C. (1981). Microbial release of unextrated (bound) residues from an organic soil treated with prometryn. J. Agric. Food Chem. 29: 1301-1303.

Kjaer J., Olsen P., Ullum M. et Grant R. (2005). Leaching of glyphosate and amino-methylphosphonic acid from danish agricultural field sites. J. Environ. Quality. 34: 403-407.

Klöppel H., Kördel W. et Haider J. (1994). Herbicides in surface runoff : a rainfall simulation study on small plots in the field. Chemosphere. 29: 649-662.

Kogan M., Metz A. et Ortega R. (2003). Adsorption of glyphosate in Chilean soils and its relationship with unoccupied phosphate binding sites. Pesq. agropec. bras., Brasilia. 38(4): 513-519.

Konstantinou I.K., Hela D.G. et Albanis T.A. (2006). The status of pesticide pollution in surface waters (rivers and lakes) of Greece. Part I. Review on occurrence and levels. Environmental Pollution. 141: 555-570.

Kools S.A.E., Roovert van M., Gastel van C.A.M. et Straalen van N.M. (2005). Glyphosate degradation as a soil health indicator for heavy metal polluted soils. Soil Biology & Biochemistry. 37: 1303-1307.

Koskinen W.C. et Harper S.S. (1990). The retention processus : mechanisms. In: Pesticides in Soil Environment : Process, impacts and modeling. Cheng HH Ed. SSSA Madison, Wisconsin Book Ser. 2: 51-77.

Lafrance P., Banton O. et Gagne P. (1997). Exportations saisonnières d'herbicides vers les cours d'eau mesurées sur six champs agricoles sous quelques pratiques culturales du maïs (Basses-Terres du St Laurent). Revue des Sciences de l'Eau. 4: 439-459.

Laitenen P., Siimes K., Eronen L., Ramo S., Welling L., Oinonen S., Mattsoff L. et Ruohonen-Lehto M. (2006). Fate of the herbicide glyphosate, glyphosinate-ammonium, phenmedipham, ethofumesate and metamitron in two Finnish arable soils. Pest Management Science. 62: 473-491.

Landry D., Dousset S., Fournier J.C. et Andreux F. (2005). Leaching of gkyphosate and AMPA under two soil management practices in Burgundy vineyards (Vosne-Romanée, 21-France). Environmental Pollution. 138: 191-200.

Lawes J.B., Gilbert J.H. et Warington R. (1882). On the amount and composition of the rain and drainage waters collected at Rothamsted. III- The drainage water from land cropped and manured. J. R. Agric. Soc. Engl. 18: 1-17.

Le Godec N., Angoujard G. et Blanchet P. (2000). Etude de transfert en milieu urbain du glyphosate, de l'aminotriazole et du flazasulfuron dans les eaux de ruissellement ; acquisition de données sur deux substances actives et comparaison avec les données de l'étude CORPEP 99/11. FÉdération RÉgionale des groupement de Défense contre les Ennemis des Cultures (FEREDEC), Bretagne, France. 22 p.

Lecomte V. (1999). Transfert de produits phytosanitaires par le ruissellement et l'érosion de la parcelle au bassin versant. Thèse de l'ENGREF, Spécialité Science de l'eau.

Lennartz B. et Meyer-Windel S. (1995). The role of immobile water in unsaturated substrates. Hydrogeologie. 4: 75-83.

Lesueur C., Pfeffer M. et Fuerhacker M. (2005) Photodegradation of phosphonates in water. Chemosphere. 59: 685-691.

Liu C-M., McLean P.A., Sookdeo C.C. et Cannon F.C. (1991). Degradation of the herbicide glyphosate by members of the family Rhizobiaceae. Applied and Environmental Microiology. 57: 1799-1804.

Loiseau L. et Barriuso E. (2002). Characterization of the atrazine's bound (nonextractable) residues using fractionation techniques for soil organic matter. Environ. Sci. Technol. 36: 683-689.

Lundgren L.N. (1986). A new method for the determination of glyphosate and (Aminomethyl)phosphonic acid residues in soils. Journal of Agricultural and Food Chemistry. 34: 535-538.

Lund-Hoie K. et Friestad H.O. (1986). Photodegradation of the herbicide glyphosate in water. Bull. Environ. Contam. Toxicol. 36:723-729.

Madhum Y.A., Young J.L. et Freed V.H. (1986). Binding of herbicides by water-soluble organic materials from soil. J. Environ. Qual. 15: 64-68.

Malik J., Barry G. et Kishore G. (1989). The herbicide glyphosate. Biofactors. 2(1): 17-25.

Mallat E. et Barcelo D. (1998). Analysis and degradation study of glyphosate and of aminomethylphosphonic acid in natural waters by means of polymeric and ion-exchange solid-phase extraction columns followed by ion chromatography-post-column derivatization with fluorescence detection. Journal of Chromatography A. 823: 129-136.

Malterre F. (1997). Impact sur l'environnement d'un herbicide du colza d'hiver : la trifluraline. Thèse INPL, Nancy, 109 p.

Malterre F., Pierre J.G. et Schiavin M. (1998). Trifluralin transfer from top soil. Ecotoxicology and Environmental Safety. 39: 98-103.

Mamy L. et Bariusso E. (2005). Glyphosate adsorption in soils compared to herbicides replaced with the introduction of glyphosate resistant crops. Chemosphere. 61: 844-855.

Mamy L. et Bariusso E. (2006). Desorption and time-dependent sorption of herbicides in soils. European Journal of Soil Science. 1-14.

Mamy L., Barriuso E. et Gabrielle B. (2005). Environmental fate of herbicides trifluralin, metazachlor, metamitron and sulcotrione compared with that of glyphosate. a substitute broad spectrum herbicide for different glyphosate-resistant crops. Pest Management Science. 61(9): 905-916.

Maqueda C., Morillo E., Undabeytia T. et Martin F. (1998). Sorption of glyphosate and Cu(II) on a natural humic acid complex : mutual influences. Chemosphere 37: 1063-1072.

Mathur S.P. et Morley H.V. (1978). Incorporation of methoxychlor-^{14}C in model humic acids prepared from hydroquinone. Bull. Environ. Contam. Toxicol. 20: 268-274.

McConnell J.S. et Hossner L.R. (1985). pH-dependent adsorption isotherms of glyphosate. J. Agric. Food Chem. 33: 1075-1078.

McConnell J.S. et Hossner L.R. (1989). X-ray diffraction and infrared spectroscopie studies of adsorbed glyphosate. J. Agric. Food Chem. 27: 555-560.

Miles C.J. et Moye H.A. (1988). Extraction of glyphosate herbicide from soil and clay minerals and determination of residues in soils. Journal of Agricultural and Food Chemistry. 36: 486-491.

Miller J.L., Wollum A.G., Weber J.B. (1997). Degradation of carbon-14-atrazine and carbon-14-metolachlor in soil from four depths. J. Environ. Qual. 26: 633-638.

Moilleron R. (1996). Rétention d'herbicides par les sols. Influence de la matière organique et de la température. Thèse de docteur de l'université de Franche-Compté 193 p

Morillo E., Undabeytia T., Maqueda C. et Ramos A. (2000). Glyphosate adsorption on soils of different characteristics. Influence of copper addition. Chemosphere. 40 : 103-107.

Mosimann T., Maillard A., Musy A., Neyroud J-A., Rüttimann M. et Weisskopf P. (1991). Lutte contre l'érosion des sols, Guide pour la conservation des sols. Rapport thématique du programme national de recherche "Utilisation des sols en Suisse"; Berne-Liebefeld, ISBN 3-907086-68-6.

Muir D.C.G. et Baker B.E.I., (1976). The disappearance and movement of three triazine herbicides and several of their degradation products in soil under field condition. Weed Research. 18: 110-120.

Newton M., Howard K.M., Kelpsas B.R., Danhaus R., Lottman C.M. et Dubelman S. (1984). Fate of glyphosate in an oregon forest ecosystem. Journal of Agricultural and Food Chemistry. 32: 1144-1151.

Nicholls P.H. et Evans A.A. (1991). Sorption of ionisable organic compounds by field soils. Part 2 : cation, bases and zwitterions. Pestic. Sci. 33: 331-345.

Nomura N.S. et Hilton H.W. (1977). The adsorption and degradation of glyphosate in five Hawaii surgacane soils. Weed Research. 17: 113-121.

Novak S., Portal J-M., Morel J-L. et Schiavon M. (1998). Mouvement des produits phytosanitaires dans le sol et dynamique de transfert de l'eau. C.R. Académie Agriculture de France. 84: 119-132.

Novick N. et Alexander M. (1985). Cometabolism of low concentration of propachlor, alachlor, and cycloate in sewage and lake water. Applied Environ. Microbiol. 49: 737-743.

OECD. (2000). OECD guidelines for the testing of chemicals. Adsorption/desorption using a batch equilibrium method. OECD Test Guideline 106, OECD publications, Paris.

Parochetti J.V. (1978). Photodecomposition, volatility, leaching of atrazine, simazine, alachlor and metolachlor in soil and plant material. Weed Sci. Soc. Am. Abstract 17.

Patakioutas G. et Albanis T.A. (2002). Adsorption-desorption studies of alachlor, metolachlor, EPTC, chlorothalonil and pirimiphos-methyl in contrasting soils. Pest Management Sci. 58: 352-362.

Peter C.J. et Weber J.B. (1985). Adsorption and efficacy of trifluralin and butralin as influenced by soil properties. Weed Science. 33: 861-867.

Piccolo A. et Celano G. (1994). Hydrogen bonding interactions between the hebicide glyphosate and water-soluble humic substances. Environ. Toxicol. Chem. 13: 1737-1741.

Piccolo A., Celano G. et Conte P. (1996). Adsorption of glyphosate by humic substances. J. Agric. Food Chem. 44: 2442-2446.

Piccolo A., Celano G., Arienzo M. et Mirabella A.; (1994). Adsorption and desorption of glyphosate in some european soils. J. Environ. Sci. Hlth. B29(6): 1105-1115.

Piccolo A., Gatta L. et Campanella L. (1995). Interactions of glyphosate herbicide with a humic acid and its iron complex. Ann. Chim. (Rame). 85: 31-40.

Pieuchot M., Perrin-Ganier C., Portal J-M. et Schiavon M. (1996). Study on the mineralization and degradation of isoproturon in three soils. Chemosphere. 33: 467-478.

Pons N. et Barriuso E. (1998). Fate of metsulfuron-methyl in soils in relation to pedo-climatic conditions. Pestic. Sci. 53: 311-323.

Ramstedt M., Norgren C., Shchukarev A., Sjoberg S. et Persson P. (2005). Co-adsorption of cadmium(II) and glyphosate at the water-manganite (y-MnOOH) interface. Journal of Colloid and Interface Science. 285: 493-501.

Réal B., Dutertre A. et Gillet J.P. (2001). Transfert de produits phytosanitaires par drainage et ruissellement : Résultats de sept campagnes d'expérimentation. XVIIIème Conférence COLUMA, Journées Internationales sur la Lutte contre les mauvaises herbes, ANPP. Toulouse, 5-7 Décembre.

Ristori G.G.et Fusi P. (1995). Adsorption mecanisms and abiotic catalytic transformations of some agrochemicals by clay minerals. In : Environmental Impact of soil component interactions, volume 1 : natural and anthropogenic organics. CRCP Inc. 337-343.

Roy D.N. et Konar S.K. (1989). Development of analytical method for the determination of glyphosate and (Aminomethyl) phosphonic acid residues in soils by Nitrogen-Selective Gas Chromatography. J. Agric. Food Chem. 37: 441-443.

Rueppel M.L., Brightwell B.B., Schaefer J. et Marvel J.T. (1977). Metabolism and degradation of glyphosate in soil and water. J. Agric. Food Chem. 25: 517-528.

Saxena A. et Bartha R. (1983). Microbial mineralization of humic acid-3,4-dichloroaniline complexes. Soil Biol. Biochem. 15: 59-62.

Scalla R. (1991). Les herbicides, mode d'action et principes d'utilisation. INRA, Paris. 450 p.

Scheunert I., Mansour M. et Adrian P. (1991). Formation of conversion products and bound residues of chlorinated anilines in soil. Toxicol. Environ. Chem. 31/32: 107-112.

Scheunert I., Topp E., Schmitzer J., Klein W. et Korte F. (1985). Formation and fate of bound residues of [^{14}C]benzene and [^{14}C]chlorobenzene in soil and plants. Ecotox. Environ. Safety. 9: 159-170.

Schiavon M. (1998). Origine et devenir des produits phytosanitaires. Colloque d'Hydrotechnique, 159ème Session du Comité Scientifique et Technique. Paris 18 et 19 novembre. 107-118.

Schiavon M. et Jacquin F. (1973). Etude de la présence d'atrazine dans les eaux de draînage. COLUMA Versailles: 35-43.

Schiavon M., Barriuso E., Portal J-M., Andreux F., Bastide J., Coste C. et Millet A. (1990). Etude du devenir de deux substances organiques utilisées dans les sols, l'une massivement (l'atrazine), l'autre à l'état trace (le metsulfuron-méthyl), à l'aide de molécules marquées au ^{14}C. Rapport SRETIE/MERE 7219.

Schiavon M., Jacquin F. et Goussault C. (1978). Blocage de molécules s-triaziniques par la matière organique. IAEA-SM-211/78 : 327-332.

Schieweck A., Delius W., Siwinski N., Vogtenrath W., Genning C. et Salthammer T. (2007). Occurrence of organic and inorganic biocides in the museum environment. Atmospheric Environment. 41: 3266-3275.

Sebillote M. (1996). Les mondes de l'agriculture. Une recherché pour demain. INRA, 258 p.

Senesi N. (1993). Organic pollutant migration in soils as affected by soil organic matter : molecular and mechanistic aspects. NATO ASI Series. 32: 47-74.

Sheals J., Sjobergs S. et Persson P. (2002). Adsorption of glyphosate on goethite: Moleculare characterization of surface complexes. Environmental Science & Technology. 36(14): 3090-3095.

Siimes K., Ramo S., Welling L., Nikunen U. et Laitnen P. (2006). Comparison of the behaviour of three herbicides in a field experiment under bare soil conditions. Agricultural Water Management. 84: 53-64.

Smith A.E. et Aubin A.J. (1993). Degradation of 14C-glyphosate in Saskatchewan soils. Bull. Environ. Contam. Toxicology. 50: 499-505.

Somasundaram L. et Coats J.R. (1990). Pesticide transformation products in the environment. ACS symposium, series 459: 2-9.

Sonon L.S., Schwab A.P. (1995). Adsorption characteristics of atrazine and alachlor in Kansas soils. Weed Sc. 43: 461-466.

Sorensen R.S., Schultz A., Jacobsen O.S. et Aamand J. (2006). Sorption, desorption and mineralization of the herbicides glyphosate and MPCA in samples from two Danish soil and subsurface profiles. Environmental Pollution. 141: 184-194.

Soulas G. (1999). Techniques d'évaluation de l'écotoxicité des substances xénobiotiques vis à vis de la microflore des sols. Ingénieries-EAT. 19: 57-66.

Spanoghe P., Claevs J., Pinoy L. et Steurbaut W. (2005). Rainfastness and adsorption of herbicides on hard surfaces. Pest Management Science. 61(8): 793-798.

Sprankle P., Meggitt W.F. et Penner D. (1975). Adsorption, Mobility, and Microbial Degradation of Glyphosate in the Soil. Weed science. 23(3): 229-234.

Stenrød M., Charnay M.P., Benoit P., Eklo O-M. et Barriuso E. (2003). Degradation of glyphosate in sandy soils as affected by temperature and soil characteristics. Les 2èmes Rencontres de l'INA, 4 avril 2004. 1-2.

Stenrød M., Eklo O-M., Charnay M.P. et Benoît P. (2005). Effect of freezing and thawing on microbial activity and glyphosate degradation in two Norwegian soils. Pest Management Science. 61(9): 887-898.

Strange-Hansen R., Holm P.E., Jacobsen O.S. et Jacobsen C.S. (2004). Sorption, mineralization and mobility of N-(phosphonométhyl)glycine (glyphosate) in five different types of gravel. Pest Management Science. 60: 570-578.

Taylor J.A., Skjemstad J.O. et Ladd J.N. (1995). Factors influencing the breakdown of sulfonylurea herbicides in solution and in soil. CSIRO Division of Soils Divisional Report, n°127: 1-12.

Thompson D.G., Pitt D.G., Buscarini T.M., Staznik B. et Thomas D.R. (2000). Comparative fate of glyphosate and triclopyr herbicides in the forest floor and mineral soil of an Acadian forest regeneration site. Can. J. For. Res. 30: 1808-1816.

Tillmann R.W., Scotter D.R., Clothier B.E. et White R.E. (1991). Solute movement during intermittent water flow in a field soil and some implications for irrigation and fertiliser application. Agric. Water Management. 20: 119-133.

Torstensson L. (1985). Behaviour of glyphosate in soil and its dégradation. In he herbicide glyphosate, ed.E. Grossbard and D. Atkinson. Butterworth and Co, UK. 137-156.

Trotter D., Wong M.P. et Kent R.A. (1990). Recommandations sur la qualité de l'eau pour le glyphosate au Canada, Ottawa, Environnement Canada, Direction générale des eaux intérieures, Direction de la qualité des eaux, Etude n° 170, série scientifique. 36 p.

Turgut C. (2007). the impact of pesticides toward parrotfeather when applied at the predicted environmental concentration. Chemosphere. 66: 469-473.

U.S. « Environmental Protection Agency ». (1975). Fed. Regist. 40, 26802.

UIPP. « Union des Industries de la Protection des Plantes ». (2007). http://www.uipp.org/repere/chiffre.php.

Veiga F., Zapata J. M., Marcos M.L.F. et Alvarez E. (2001). Dynamics of glyphosate and aminomethylphosphonic acid in a forest soil in Galicia, north-west Spain, The Science of the Total Environment. 271: 135-144.

Vereecken H. (2005). Reviw: Mobility and leaching of glyphosate: a review. Pest Management Science. 61:1139-1151.

Vouzounis N.A. et Americanos P.G. (1992). Effect of temperature and soil moisture on degradation of alachlor, pendimethalin and prometryn. Technical Bulletin. 147:1-5.

Walker A. (1987). Evaluation of a simulation model for prediction of herbicide movement and persistence. Weed Res. 27: 143-152.

Walker A. et Allen R. (1984). Influence of soil and environmental factors on pesticide persitence. BCPC Monograph n° 27. Symposium on Soils and Crop Protection Chemicals. 89-100.

Weaver M.A., Krutz L.J., Zablotowicz R.M. et Reddy K.N. (2007). Effect of glyphosate on soil microbial communities and its mineralization in a Mississippi soil. Pest Management Science. 63: 388-393.

White A.W., Barnett A.P., Wright B.G. et Holladay J.H. (1967). Atrazine losses from fallow land caused by runoff and erosion. Environmental science and Technology. 1: 740-744.

WHO. (1994). Glyphosate, international Programme on Chemical Safety (IPCS), Environmental Health Criteria 159. 177 p.

Winkelman D.A. et Klaine S.J. (1991). Degradation and bound residue formation of four atrazine metabolites, deethylatrazine, deisopropylatrazine, dealkylatrazine and hydroxyatrazine in a western tenesse soil. Environ. Toxicol. Chem. 10: 347-354.

Wirén-Lehr (von) S., Komoba D., Gläbgen W.E., Sandermann H., Jr. et Scheunert I. (1997). Mineralization of [^{14}C] Glyphosate and its plant-associated residues in arable soils originating from different farming systems. Pestic. Sci. 51: 436-442.

Wolfe N.L. (1990). Abiotic transformation of pesticides in natural waters and sediments. In : Pesticides in the Soil Environment : Processes, impacts and modeling. Cheng H.H. Ed. SSSA Madison, Wisconsin Book, Series 2: 93-104.

Worthing C.R. et Hance R.J. (2000). Electronic Pesticide Manual, eleventh edition, British Crop Protection Council, (London).

Xue S.K. et Selim H.M. (1995). Modeling adsorption-desorption kinetics of alachlor in a typic fragiudalf. J. Environ. Qual. 24: 896-903.

Yaduraju N.T. (1994). Influence of soil environmental factors on the efficacy of herbicides. Soil Environment and Pesticides. 265-292.

Yaron B. (1989). General principles of pesticide movement to groundwater. Agric. Ecosystems Environ. 26: 275-297.

Yassir A., Lagacherie B., Houot S. et Soulas G. (1999). Microbial aspects of atrazine biodegradation in relation to history of soil treatment. Pestic. Sci. 55: 799-809

Yu Y. et Zhou Q.X. (2004). Adsorption characteristics of pesticides methamidophos and glyphosate by two soils. Chemosphere. 58: 811-816.

Zalidis G., Stamatiadis S., takavakoglou V., Eskridge K. et Misopolinos N. (2002). Impacts of agricultural practices on soil and water quality in the Mediterranean region and proposed assessement methodology. Agriculture, Ecosystems and Environment. 88: 137-146.

Zehe E. et Fluhler H. (2001). Preferential transport of isoproturon at a plot scale and a field scale tile-drained site. J. Hydrol. 247: 100-115.

Zhang J., Lan W., Qiao C., Jiang H., Mulchandani A. et Chen W. (2004). Bioremediation of organophosphorus pesticides by surface-expressed carboxylesterase from mosquito on *Escherichia Cloi*. Biotechnol. Prog. 20: 1567-1571.

Zhou D.M., Wang Y.J., Cang L., Hao X.Z. et Luo X.S. (2004). Adsorption and desorption of cadmium and glyphosate on two soils with different characterestics. Chemosphere. 57. 1237-1244.

Annexe 1 : Optimisation de l'extraction du glyphosate à partir de trois sols agricoles

1. Introduction

Malgré sa forte solubilité de 10,5 g L^{-1} dans l'eau (Argitox, 2007), l'extraction du glyphosate à partir du sol s'avère difficile, car il est très fortement retenu. (Aamand et Jacobsen, 2001 ; Veiga et al., 2001 ; Mamy et Barriuso, 2005 ; Al-Rajab et al., 2005). Le réactif d'extraction le plus fréquemment cité dans la littérature, est le dihydrogénophosphate de potassium, KH$_2$PO$_4$ (Miles et Moye, 1988 ; Veiga et al., 2001 ; Alferness et Iwata, 1994) même si l'eau distillée a été utilisée dans certaines études (Miles et Moye, 1988 ; Newton et al., 1984). D'autres réactifs d'extraction du glyphosate à partir des sols sont proposés dans la littérature mais, soit leur rendement d'extraction n'est pas très élevé, soit leur mise en œuvre n'est pas aisée (Glass, 1983 ; Roy et Konar, 1989). Plusieurs paramètres du sol peuvent modifier le rendement d'extraction du glyphosate à partir des sols : la structure, le pH et leur teneur en calcium, fer et aluminium.

En vue de déterminer au mieux la fraction de glyphosate présente dans le sol sous une forme potentiellement disponible, nous avons testé plusieurs réactifs et temps d'extraction sur trois types de sols agricoles de la région de Lorraine (54-France). Il s'agissait également de mettre au point une méthodologie efficiente, sans entraîner de difficultés au niveau de l'analyse par HPLC (Chromatographie Liquide Haute Performance).

2. Matériel et Méthodes

2.1. Les sols

Les sols retenus pour cette expérimentation sont ceux présentés au chapitre 2 (tableau 2.1). Nous rappellerons simplement qu'ils sont représentatifs des sols agricoles de la région lorraine et qu'ils ont été sélectionnés sur la base de leur texture et leur pH.

2.2. Préparation des sols

Les sols ont été séchés à l'air libre, tamisés pour obtenir des échantillons homogènes d'agrégats de taille comprise entre 0 et 2 mm, puis stockés dans une chambre froide à 4 ℃ en attendant la réalisation de l'expérimentation.

2.3. Le glyphosate

Les expérimentations sont réalisées avec du glyphosate marqué au ^{14}C sur le carbone du groupe phosphonométhyl (ARC-ISOBIO, Belgique; pureté 99,5 %; radioactivité spécifique 55 mCi/mmol). Dans la réalisation de la solution aqueuse destinée au traitement des sols, du glyphosate froid a été utilisé pour assurer la dilution isotopique (CIL Cluzeau, France; pureté 98,5 %).

2.4. Les réactifs utilisés

Différents réactifs d'extraction du glyphosate à partir du sol sont cités dans la littérature (Alferness et Iwata, 1994; Newton *et al.*, 1984), mais le plus utilisé est le dihydrogénophosphate de potassium (KH_2PO_4 0,1 M, pH 4,6) (Miles et Moye, 1988 ; Viega *et al.*, 2001). Parmi ceux-ci nous en avons retenu 6 : le dihydrogénophosphate de potassium, KH_2PO_4 0,1 M., l'oxalate d'ammonium, $(NH_4)_2C_2O_4$, H_2O 0,1 M, l'acide citrique à 20%, $C_6H_8O_7$, l'eau distillée, le chlorure de calcium ($CaCl_2$), 0,01M et le mélange de 3 réactifs : NH_4OH (0,5 M) + KH_2PO_4 (0,1 M) + H_3PO_4 (0,5%).

2.5. Méthode d'extraction

5 g de sol (3 répétitions) placés dans des flacons à centrifuger de 250 ml en PPCO (Nalgène) ont été traités avec une solution aqueuse de ^{14}C-glyphosate, la radioactivité apportée est de 11,9 KBq. Lors du traitement l'humidité est ramenée à 80% de la capacité de rétention au champ (36,4 pour le sol brun lessivé; 32,6 pour la rendzine brunifiée et 28,3 % pour le sol brun alluvial marmorisé) par l'eau de la solution herbicide plus un complément d'eau distillée. Trois extractions successives (agitation rotative à 15 rpm) pendant une durée déterminée de 1, 2 ou 16 h. ont été ensuite effectuées à l'aide de 25 ml de l'un des réactifs. Après agitation, une centrifugation de 20 min à 4642 g et à 9 °C (Avanti ^{TM} J-14 Beckman Instruments, Inc, Fullerton, CA, USA) permet de récupérer la solution aqueuse à partir de laquelle, 1 ml sera prélevé en vue d'un comptage de la radioactivité en scintillation liquide (Packard TriCarb 1900) en présence de 10 ml de scintillant Ultima-Gold (Packard). Chaque mesure est répétée 2 fois.

De manière à effectuer un bilan et vérifier les pertes en glyphosate par minéralisation au cours de l'extraction et afin de déterminer le glyphosate non extractibles présent dans le sol après l'extraction, le culot de sol a été séché à l'air libre puis broyé finement. Une aliquote de 300 mg est alors mélangée à 150 mg de cellulose en poudre en vue d'une combustion à 900 °C sous courant d'O_2 pendant 1,5 min à l'aide d'un Oxidizer Packard 307. Le $^{14}CO_2$ formé est piégé par 10 ml de Carbosorb (Packard) puis la radioactivité est comptée en présence de Permafluor (Packard).

3. Résultats et discussion

3.1. Extraction du glyphosate avec KH_2PO_4

L'extraction du glyphosate par le dihydrogénophosphate potassium KH_2PO_4 0,1 M, à partir des sols étudiés a été effectuée pour une durée déterminée de 1, 2 ou 16h.

Les rendements d'extraction obtenus après 3 extractions successives d'une heure, sont représentés par la figure 1.1. La première extraction est la plus efficace, avec un rendement exprimé par rapport au produit appliqué de 21,2 % pour le sol brun alluvial marmorisé, 27,3 pour le sol brun lessivé et 16,3 % pour la rendzine brunifiée. La deuxième extraction permet d'améliorer le taux d'extraction de seulement : 9,5 ; 11,9 et 7,7 % respectivement pour les trois sols. Pour ce qui concerne la troisième extraction, celle-ci n'est significative que pour le sol brun lessivé avec un complément de 4,8 % ; mais pour les deux autre sols elle est bien moins efficace, avec 2,5 % pour le sol brun alluvial marmorisé et 2,8 % pour la rendzine brunifiée. Au total, les taux d'extraction obtenus par cette méthode sont limités. Ils atteignent seulement 33,2 de la quantité de glyphosate appliquée pour le sol brun alluvial marmorisé; 44 % pour sol brun lessivé et 26,7 % pour la rendzine brunifiée.

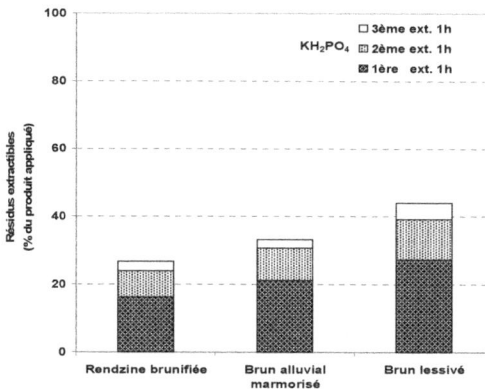

Figure 1. 1. Evolution du taux d'extraction du glyphosate par KH_2PO_4 0,1 M à partir de trois sols agricoles (Temps d'agitation : 1 heure, nombre d'extractions successives : 3)

Ces résultats montrant un accroissement du taux d'extraction suivant le nombre effectué suggéraient que la duré d'une heure était insuffisante pour permettre une exploration efficiente des constituants du sol sur lesquels les résidus facilement extractibles pouvaient se situer. Ils sont par ailleurs bien plus faibles que ceux obtenus par Miles et Moye (1988) à partir de 4 sols différents. Par un extraction de 15 min avec une solution aqueuse de KH_2PO_4 0,1 M, ces auteurs obtiennent des résultats qualifiés d'acceptables et dont le taux d'extraction varie suivant le sol de 35 à 100 % de la dose appliquée

Lorsqu'on augmente le temps d'extraction à 2 heures figure 1.2, on améliore considérablement le rendement de la première extraction pour la rendzine brunifiée et le sol brun alluvial marmorisé : on passe respectivement de 16,3 à 21,4% et de 21,2 à 43,7 %. Par contre, pour le sol brun lessivé il semble baisser, mais d'une manière non significative et passe de 27,3 à 24 %. Pour la deuxième extraction, les rendements sont été améliorés pour tous les sols. Le pourcentage extrait atteint 18,5 % pour le sol brun alluvial marmorisé, 15,2 % pour le sol brun lessivé et 15,5 % pour la rendzine brunifiée. De même la 3ème extraction permet d'améliorer le taux de recouvrement de 9,1 ; 9,6 et 11,2 % respectivement pour les trois sols. Après 3 extractions successives le total extrait atteint; 71,3 ± 0,6 % de la dose appliquée pour le sol brun alluvial marmorisé, 48,8 ± 0,7 % pour le sol brun lessivé et 48 ± 0,5 %pour la rendzine.

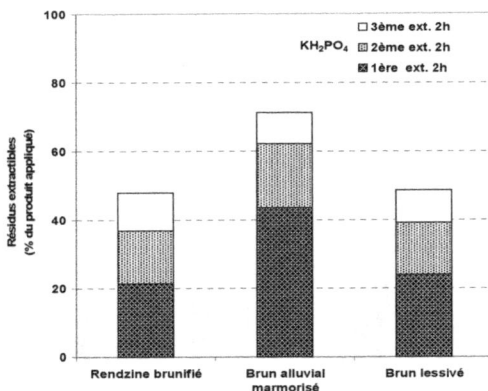

Figure 1. 2. Evolution du taux d'extraction du glyphosate par KH_2PO_4 0,1 M à partir de trois sols agricoles (Temps d'agitation : 2 heures, nombre d'extractions successives : 3).

L'analyse de ces résultats montre que l'extraction du glyphosate avec KH_2PO_4 pendant 2 h améliore considérablement le rendement dans le sol brun alluvial marmorisé (Sablo-limoneux) même s'il présente un Kf (34,5) plus élevé que les deux autres sols (Kf 33,6 et 16,6 pour le sol brun lessivé et la rendzine brunifiée respectivement). Cette disponibilité plus élevée à l'extraction semble être due à son faible contenu en argiles (10,5 %). par rapport aux deux autre sols. L'argile adsorbe fortement le glyphosate et ne permet pas à la solution d'extractant d'accéder facilement aux résidus situés à la surface des micropores intra agrégats. Cette idée est partagée par Miles et Moye (1988) qui ont noté une baisse du rendement d'extraction lorsque le contenu en argile ou en matière organique augmente.

Lorsque le temps d'agitation ou d'extraction est porté à 16 heures, la quantité extraite par 3 agitations successives de 16h baisse significativement par rapport la durée de 2h, figure 1.3. Le taux d'extraction total atteint 40,9 ± 0,02 % du produit appliqué pour le sol brun alluvial marmorisé, 44,3 ± 0,02 le sol brun lessivé et 29 % pour la rendzine brunifiée. Cette baisse de rendement d'extraction pourrait être due à une minéralisation partielle du glyphosate au cours de l'extraction.

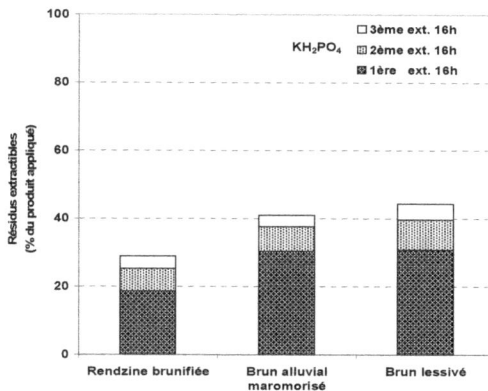

Figure 1. 3. Evolution du taux d'extraction du glyphosate par KH_2PO_4 0,1 M à partir de trois sols agricoles (Temps d'agitation : 16 heures, nombre d'extractions successives : 3).

En définitive, la modalité comportant 3 extractions successives de deux heures avec du dihydrogénophosphate de potassium a donnée le meilleur rendement d'extraction pour les sols étudiés. Ces résultats confortent la remarque de Miles et Moye (1988) qui pensent que l'extraction du glyphosate par ce réactif est acceptable pour déterminer le niveau de résidus présents dans le sol.

Les bilans de radioactivités présentés dans le tableau 1.1, pour les 3 sols, indiquent une formation rapide de résidus non extractibles après traitement. Le taux des résidus non extractibles varie entre 15,8 et 37 % de la quantité appliquée suivant le sol et la durée d'extraction. Il faut rappeler que l'application du glyphosate a été réalisée sur sol sec. Lors du traitement sur sol sec, le glyphosate serait rapidement entraîné par invasion capillaire dans la microporosité des agrégats par l'eau dans laquelle il se trouve solubilisé. Donc, une partie des résidus de glyphosate reste inaccessible à la solution d'extractant.

Nous observons également des déficits de 12,9 à 56,5 % de la quantité appliquée de glyphosate. Il semble, comme déjà indiqué au chapitre 2, difficile d'imputer cela à la minéralisation rapide de glyphosate. Ceci pourrait être dû soit à une surestimation de la radioactivité apportée au départ, soit à des problèmes de combustion des échantillons lors de la combustion. Cette quantité d'herbicide non retrouvé au T0 a été observée également pour un autre herbicide, le tébutame (Grébil, 2000).

Tableau 1.1. Pourcentage de résidus de glyphosate extractible avec KH_2PO_4 0,1M et non extractible dans les trois sols suivant la durée de l'extraction : 1, 2 et 16 h.

% Résidus	Sol brun alluvial marmorisé			Sol brun lessivé			Rendzine brunifiée		
	1 h	2 h	16 h	1 h	2 h	16 h	1 h	2 h	16 h
Extractibles	33,24	71,32	40,94	44	48,78	44,34	26,73	48,03	28,95
	(±0,33)	(±0,55)	(±0,02)	(±1,33)	(±0,7)	(±0,02)	(±0,77)	(±0,47)	(±0,0)
Non Extractibles	33,24	15,79	25,43	27,48	36,98	36,02	26,73	33,76	29,26
	(±3,56)	(±0,31)	(±3,89)	(±4,02)	(±0,91)	(±1,97)	(±2,54)	(±3,53)	(±1,29)
Total	66,48	87,11	66,37	71,48	85,77	80,36	53,46	81,79	58,21

3.2. Extraction du glyphosate pendant 16h avec 4 réactifs différents

De manière à optimiser le rendement d'extraction du glyphosate, nous avons également testé 3 autres réactifs pour un temps d'agitation de 16 heures, et les résultats ont été comparés à ceux obtenus avec, KH_2PO_4 0,1 M.

Pour cela, nous avons préparé les réactifs suivants : Oxalate d'ammonium, $(NH_4)_2C_2O_4$, H_2O 0,1 M, un mélange de 3 réactifs : NH_4OH (0,5 M) + KH_2PO_4 (0,1 M) + H_3PO_4 (0,5%), et finalement, l'eau distillée.

Les résultats obtenus avec les 4 réactifs pour 3 extractions successives de 16h et pour les trois sols étudiés sont présentés dans la figure (1.4).

Le meilleur rendement d'extraction a été obtenu, quel que soit le sol, avec le mélange des 3 réactifs (NH_4OH (0,5 M) + KH_2PO_4 (0,1 M) + H_3PO_4 (0,5%),). Les valeurs obtenues à la première extraction avec ce mélange sont de 57,2% du produit appliqué dans le sol brun alluvial marmorisé, 59,2 % pour le sol brun lessivé et 47,9 % pour la rendzine brunifiée. Les rendements sont moins élevés avec l'oxalate d'ammonium. Avec ce réactif on obtient, respectivement pour les 3 sols, seulement 42,1 ; 42,8 et 39,3 % de la quantité initiale apportée. Ces rendements de la 1ère extraction sont encore plus faibles avec le dihydrogénophosphate de potassium, avec respectivement 30,4 ; 30,8 et 18,6 %. Enfin, l'eau distillée s'avère l'extractant le moins efficace, mais avec une meilleure performance au niveau de la rendzine brunifiée (15,6 %) que dans les deux autres sols bruns pour lesquels on obtient seulement 4,3 % dans le sol brun alluvial marmorisé et 4,1 % dans le sol brun lessivé.

La 2ème extraction permet une légère amélioration du taux d'extraction avec les 4 réactifs et pour les 3 sols : entre 5-11,8 ; 3,7-12,4 et 6,6-11,8 % du produit appliqué sur le sol brun alluvial marmorisé, le sol brun lessivé et la rendzine brunifiée, respectivement.

La 3ème extraction est la moins efficace et n'améliore le rendement d'extraction qu'entre 3,3-6,1 ; 2,9-5,7 et 3,8-4,9 % du produit appliqué sur le sol brun alluvial marmorisé, le sol brun lessivé et la rendzine brunifiée, respectivement.

La comparaison des taux obtenus avec les 4 extractants et les 3 sols permet le classement suivant : Mélange de 3 réactifs (72,1 ± 0,02 pour le sol brun alluvial marmorisé, 75,64 ± 0,01 % pour le sol brun lessivé et 64,1 % pour la rendzine brunifiée) > Oxalate d'ammonium (respectivement 59,9 ± 0,02 ; 60,9 ± 0,01 et 55 ± 0,02 %) > Dihydrogénophosphate de potassium (respectivement 40,9 ± 0,02 ; 44,3 ± 0,02 et 29 %) > Eau distillée (respectivement 14,3 ± 0,04 ; 10,7 et 26,8 ± 0,01 %).

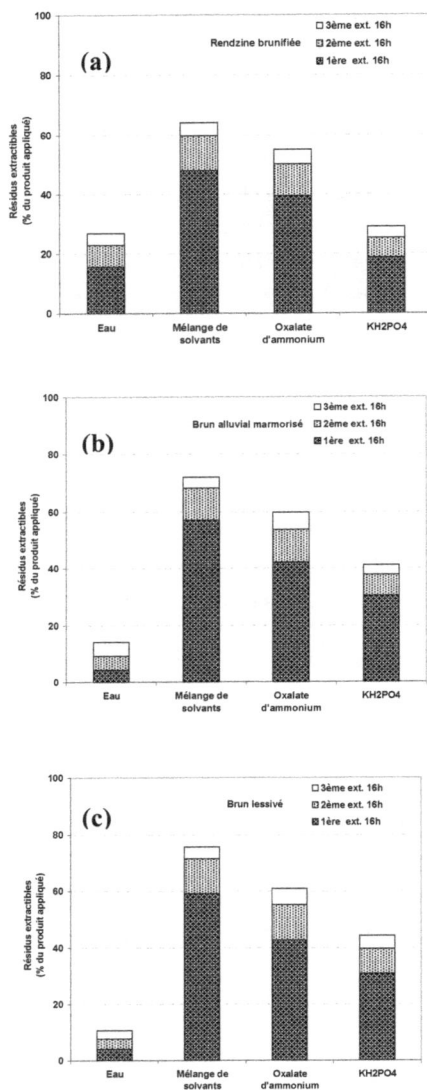

Figure 1. 4. Taux de recouvrement du glyphosate, par 3 agitations successives de 16 heures, en fonction de la nature de l'extractant. rendzine brunifiée (a), sol brun alluvial marmorisé(b) et sol brun lessivé (c).

On remarquera, sans pouvoir l'expliquer, un comportement particulier de la rendzine brunifiée. Dans ce sol, l'extraction à l'eau est plus performante que pour le deux autres sols bruns et inversement les réactifs d'extractions s'avèrent moins performants.

La réalisation de bilans montre par ailleurs des pertes pouvant atteindre 20 %.

3.3. Extraction du glyphosate pendant 2h avec 5 réactifs différents

Les pertes enregistrées avec des temps d'agitation de 16 heures et les faibles taux de recouvrement obtenus avec des temps d'agitation de 1 heure, nous ont conduit à tester, pour deux sols (sol brun lessivé et rendzine brunifiée) le temps 2 heures avec les réactifs suivants : Dihydrogénophosphate de potassium 0,1 M, Oxalate d'ammonium, $(NH_4)_2C_2O_4$, H_2O 0,1 M, Acide citrique $C_6H_8O_7$ (20%), $(CaCl_2)$ 0,01 M en solution dans l'eau distillée, Eau distillée.

Pour des temps d'agitation de 2 heures l'oxalate d'ammonium apparaît comme le meilleur extractant quel que soit le sol (figure 1.5 : a, b). Le taux de 1ère extraction est de 48,2 et 43,8 % du produit appliqué dans les sols brun lessivé et rendzine brunifiée respectivement. Ce pourcentage diminue pour la 2ème extraction, il atteint respectivement de 15,5 et 11,5 %. Finalement, la 3ème extraction améliore le rendement de 9,7 et 5,8 % respectivement. Le rendement d'extraction total de ce réactif atteint 73,5 ± 0,15 et 61,1 ± 0,08 % pour les deux sols respectivement. Cependant, les extraits sont très riches en composés organiques co-extraits et entraînent des difficultés lors du dosage de la radioactivité et à plus forte raison lors du dosage par HPLC.

Inversement, la solution aqueuse de $CaCl_2$ 0,01 M constitue le réactif le moins efficace avec des rendements d'extraction totaux de 3,6 ± 0,97 % du produit appliqué pour le sols brun lessivé et 10,3 ± 0,61 % pour la rendzine brunifiée (figure 1.5 : a, b).

Par contre, l'extraction avec l'eau distillée pure donne un rendement plus intéressant que la solution de $(CaCl_2)$ 0,01 M. Le taux d'extraction total atteint 23,5 ± 0,07 % pour le sols brun lessivé et 31,7 ± 0,09 % pour la rendzine brunifiée (figure 1.5 : a, b).

L'utilisation de l'acide citrique (20 %), réactif d'extraction du phosphore, s'avère plus intéressante que $CaCl_2$. avec 36,4 ± 0,21 et 28,9 ± 0,18 % de glyphosate extrait respectivement pour le sol brun lessivé et la rendzine brunifiée (figure 1.5 : a, b).

En définitive, le dihydrogénophosphate de potassium 0,1 M est le réactif qui donne un rendement acceptable (48,78 ± 0,7 % pour le sol brun lessivé et 48,03 ± 0,47 % pour la rendzine brunifiée respectivement) et surtout comparable pour des 2 sols acides ou basiques. Par ailleurs, les extraits semblent être exploitables en HPLC car peu chargés en composés organiques co-extraits.

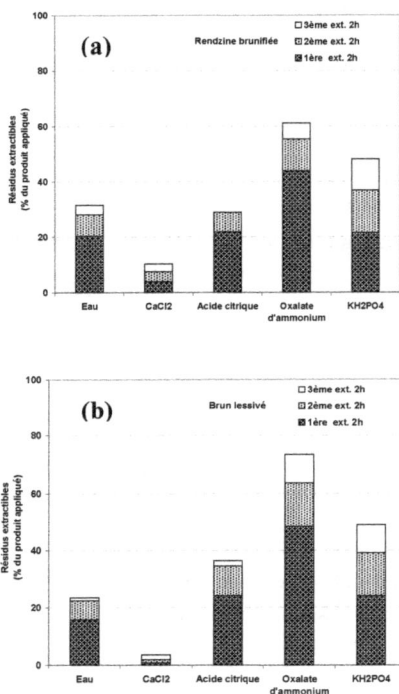

Figure 1. 5. Variations du taux d'extraction du glyphosate suivant l'extractant et pour 3 agitations successives de 2 heures (rendzine brunifiée (a), sol brun lessivé (b)).

Ces résultats sont en accord avec ceux obtenus par Mile et Moye (1988). Ces auteurs ont testé plusieurs solvants pour extraire le glyphosate à partir de 4 sols différents, avec des temps d'agitation de 15 min. Ils notent que certains extractants sont inexploitables. Ainsi, tous les extraits avec H_3PO_4 0,1 M ont formé un gel empêchant la filtration et la concentration et rendant par conséquent, l'extraction inexploitable. De même, tous les extraits avec 0,1 M K_2HPO_4 étaient colorés par des substances humiques co-extraites et donc inexploitable en HPLC. Par contre, l'extraction avec KH_2PO_4 donne des résultats acceptables avec des rendements variant de 35 à 100 % suivant le sol. L'extraction par KH_2PO_4 donne un bon rendement pour les sols à faible contenu d'argile, mais pour ceux avec un contenu important en argiles ou matière organique l'extraction par KOH 0,2 M donne des résultats plus acceptables. Les résultats que nous avons obtenus avec $CaCl_2$ 0,01 M montrent que ce réactif est le moins efficace. Cette observation est en accord avec celle d'Accinelli *et al.* (2005) qui montrent également que le rendement d'extraction du glyphosate dans un sol sablo-limoneux par K_2HPO_4 0,1 M est plus efficiente qu'avec une solution de $CaCl_2$ 0,01 M. Le rendement d'extraction du glyphosate par K_2HPO_4 après 3 jours d'incubation atteint 60% de la quantité appliquée et seulement 4 % avec $CaCl_2$.

D'autres réactifs sont cités dans la littérature comme la triethylamine (Lundgern, 1986). Avec une solution aqueuse de triethylamine 0,1 M et une agitation de 15 min, le taux d'extraction du glyphosate 1 h après le traitement à partir de 3 sols varie de 56 à 90%. Enfin, Eberbach et Douglas (1991) ont obtenu pour deux sols (argileux et sablo-limoneux), le même réactif et dans les mêmes conditions de travail, des rendements d'extraction de 85 et 104 % respectivement. Ce taux d'extraction diminuait considérablement lorsque l'extraction était réalisée 13 h après le traitement : 48 et 67 % de la quantité appliquée.

On remarquera que la taille du compartiment « résidus non extractibles » est étroitement dépendante de l'efficience du réactif d'extraction, mais il reste dépendant du temps de contact sol-pesticide et du type de sol (tableau 1.2).

Tableau 1.2. Pourcentage des résidus extractibles et non extractibles de glyphosate avec différents solvants dans les sols : sol brun lessivé et rendzine brunifiée pendant un temps d'extraction de 2 h.

Solvants	Sol brun lessivé % Résidus			Rendzine brunifiée % Résidus		
	Extractibles	Non Extractibles	Total	Extractibles	Non Extractibles	Total
KH_2PO_4	48,78 (±0,7)	36,98 (±0,91)	85,77	48,03 (±0,47)	33,76 (±3,53)	81,79
Oxalate 'ammonium	73,48 (±0,15)	25,24 (±2,47)	98,72	61,07 (±0,08)	21,47 (±2,17)	82,54
Acide Citrique	36,44 (±0,21)	25,11 (±1,05)	61,55	28,94 (±0,18)	19,34 (±2,58)	48,28
$CaCl_2$	3,63 (±0,97)	80,78 (±10,95)	84,4	10,29 (±0,61)	68,47 (±4,21)	78,8
Eau	23,5 (±0,07)	25,11 (±1,5)	48,61	31,67 (±0,09)	41,01 (±0,13)	72,68

4. Conclusion

Cette étude a montré que les conditions d'extraction du glyphosate les plus adaptées pour les différents types de sols agricoles étudiés, comporte 3 agitations successives de 2 h en présence de KH_2PO_4 0,1M comme extractant. Ceci permet d'éviter une dégradation éventuelle de la molécule et permet d'obtenir des taux d'extraction proches indépendamment des caractéristiques physico-chimiques des sols. Il existe certes des extractants plus efficaces que le KH_2PO_4 0,1M, tel que l'oxalate d'ammonium, ou le mélange de 3 réactifs, mais ils présentent des inconvénients lors de l'analyse par HPLC. D'ailleurs cette analyse par HPLC ne peut être correctement réalisée que sur des extraits aqueux ou des extraits basiques en raison de la dérivation nécessaire du glyphosate qui ne peut être réalisée qu'en milieu basique.

Annexe 2. Tableau des valeurs de Pearson (les différents paramètres pour les 3 sols et les coefficients d'adsorption)

	argiles	carbone	Fe échang.	Fe oxydes	Fe amorphe	Fer total	Ca total	Ca échang.	Cu total	Al échang.	Al total	P2O5 total	Mg échang.	Mn échang.	pH	KI	Kd
Argiles %	1																
% carbone	0,96	1															
Fe échang.	0,81	0,93	1														
Fe oxydes	0,93	0,80	0,53	1													
Fe amorphe	0,30	0,03	-0,32	0,63	1												
Fer total	0,91	0,77	0,49	1,00	0,66	1											
Ca total	0,68	0,85	0,98	0,35	-0,50	0,31	1										
Ca échang.	0,96	1,00	0,94	0,79	0,02	0,76	0,85	1									
Cu total	0,59	0,36	0,00	0,85	0,94	0,87	-0,19	0,35	1								
Al échang.	-0,99	-0,91	-0,70	-0,98	-0,45	-0,97	-0,55	-0,90	-0,72	1							
Al total	0,37	0,11	-0,25	0,69	1,00	0,72	-0,44	0,10	0,97	-0,52	1						
P2O5 total	0,92	0,78	0,51	1,00	0,65	1,00	0,33	0,77	0,86	-0,97	0,71	1					
Mg échang.	0,49	0,24	-0,12	0,78	0,98	0,81	-0,31	0,23	0,99	-0,63	0,99	0,80	1				
Mn échang.	-0,99	-0,99	-0,87	-0,87	-0,18	-0,85	-0,76	-0,99	-0,49	0,96	-0,25	-0,86	-0,38	1			
pH	0,50	0,99	0,98	0,68	-0,14	0,65	0,93	0,99	0,20	-0,82	-0,06	0,66	0,07	-0,95	1		
KI	-0,67	-0,84	-0,98	-0,34	0,51	-0,30	-1,00	-0,85	0,20	0,54	0,45	-0,32	0,32	0,75	-0,92	1	
Kd	-0,72	-0,87	-0,99	-0,41	0,44	-0,37	-0,99	-0,88	0,13	0,60	0,37	-0,39	0,25	0,80	-0,94	0,99	1

En gras, valeurs significatives (hors diagonale) au seuil alpha=0,05 (test bilatéral)

Liste des tableaux et des figures

Liste des figures

Chapitre 1 : Synthèse Bibliographique : Comportement et devenir des produits phytosanitaires et du glyphosate en particulier, dans l'environnement

Figure 1.1. Principales caractéristiques physico-chimiques du glyphosate (Worthing et Hance. 2000 ; Agritox, 2007 ; Couture *et al.,* 1995). P13.

Figure 1.2. Structure de surface possible du système binaire Glyphosate-manganite. (d'après Ramstedt *et al.,* 2005) (les octaèdres gris représentent Mn(O,OH)6 et les atomes sont codés : bleu pour N, rouge pour O, noir pour C et pourpre pour P). P16.

Figure 1.3. Voies de dégradation du glyphosate dans les sols (Liu *et al.,* 1991, Bruns et Hershberger, 2002). P27.

Figure 1.4. Schéma du mouvement des solutés dans un sol structuré proche de la saturation, selon le concept d'eau mobile-immobile (la flèche 1 représente le flux rapide de l'eau dans la macroporosité et les flèches 2, la diffusion lente des solutés vers l'extérieur de l'agrégat), d'après Green et Khan (1987). P34.

Chapitre 2 : Etude expérimentale de l'adsorption et de la désorption du glyphosate

Figure 2.1. Isothermes d'adsorption du glyphosate obtenues avec les 3 sols étudiés : sol brun lessivé, rendzine brunifiée et sol brun alluvial marmorisé (symboles : valeurs expérimentales ; Courbes : modèle de Freundlich). Ecart-type présents mais inférieurs à la taille des symboles. P50.

Figure 2.2. Représentation dans le plan principal des paramètres liés aux sols et pouvant influer sur l'adsorption du glyphosate (Kf, Kd). P52.

Figure 2.3. Isothermes de désorption du glyphosate à partir des 3 sols par une solution de CaCl2 à 0,01 M. (a) : concentration initiale à l'adsorption de 0,73 mg.L^{-1}, (b) 30,13 mg.L^{-1}. P54.

Chapitre 3 : Dégradation et stabilisation du glyphosate dans le sol : étude expérimentale en conditions contrôlées

Figure 3.1. Minéralisation cumulée du carbone organique de trois sols traités avec du glyphosate ^{14}C-phosphonométhyl (GP) ou glyphosate ^{14}C-glycine (GG) et des témoins (avec apport de l'eau sans herbicide) lors de l'incubation : a) sol brun alluvial marmorisé, b) sol brun lessivé, c) sol rendzine brunifiée. P66.

Figure 3.2. Courbes cumulatives de la minéralisation du glyphosate ^{14}C-phosphonométhyl (GP) et ^{14}C-glycine (GG) dans les 3 sols étudiés : brun alluvial marmorisé (SBAM), brun lessivé (SBL), rendzine brunifiée (RB) (les écarts-types sont présents mais n'apparaissent pas lorsqu'ils sont plus petits que le symbole). P67.

Figure 3.3. Evolution des taux d'extraction du glyphosate ^{14}C-phosphonométhyl (GP) (a) et ^{14}C-glycine (GG) (b) dans le sol brun alluvial marmorisé (SBAM) en fonction du temps lors d'une incubation à 20 ℃. P71.

Figure 3.4. Evolution des taux d'extraction du glyphosate ^{14}C-phosphonométhyl (GP) (a) et ^{14}C-glycine (GG) (b) dans le sol brun lessivé (SBL) en fonction du temps lors d'une incubation à 20 ℃. P72.

Figure 3.5. Evolution des taux d'extraction du glyphosate ^{14}C-phosphonométhyl (GP) (a) et ^{14}C-glycine (GG) (b) dans la rendzine brunifiée (RB) en fonction du temps lors d'une incubation à 20 ℃. P73.

Figure 3.6. Evolution du glyphosate et son métabolite, l'AMPA, au cours du temps d'incubation (en % par rapport les résidus déterminés en HPLC dans les extraits des sols) pour les 3 sols : a) sol brun alluvial marmorisé, b) sol brun lessivé, c) sol rendzine brunifiée. P76.

Figure 3.7. Formation des résidus non extractibles de glyphosate suivant sont marquage au ^{14}C (^{14}C-phosphonométhyl (GP) ou ^{14}C-glycine (GG)) dans les 3 sols étudiés : brun alluvial marmorisé (SBAM), brun lessivé (SBL), rendzine brunifiée (RB) (les écarts-types sont présents mais n'apparaissent pas car plus petits que le symbole). P78.

Figure 3.8. Schéma de distribution du glyphosate dans le sol après traitement. P80.

Figure 3.9. Evolution de la part relative des différentes formes de résidus de glyphosate au cours de l'incubation du sol brun alluvial marmorisé. (GP, ^{14}C-phosphonométhyl ; GG, ^{14}C-glycine). P82.

Figure 4.10. Chromatogramme d'une solution aqueuse étalon de glyphosate réalisé par détection β- du ^{14}C-glyphosate phosphonométhyl. P110.

Annexe 1 : Optimisation de l'extraction du glyphosate à partir de trois sols agricoles

Figure 1.1. Evolution du taux d'extraction du glyphosate par KH_2PO_4 0,1 M à partir de trois sols agricoles (Temps d'agitation : 1 heure, nombre d'extractions successives : 3). P132.

Figure 1.2. Evolution du taux d'extraction du glyphosate par KH_2PO_4 0,1 M à partir de trois sols agricoles (Temps d'agitation : 2 heures, nombre d'extractions successives : 3). P133.

Figure 1.3. Evolution du taux d'extraction du glyphosate par KH_2PO_4 0,1 M à partir de trois sols agricoles (Temps d'agitation : 16 heures, nombre d'extractions successives : 3). P134.

Figure 1.4. Taux de recouvrement du glyphosate, par 3 agitations successives de 16 heures, en fonction de la nature de l'extractant. rendzine brunifiée (a), sol brun alluvial marmorisé(b) et sol brun lessivé (c). P137.

Figure 1.5. Variations du taux d'extraction du glyphosate suivant l'extractant et pour 3 agitations successives de 2 heures (rendzine brunifiée (a), sol brun lessivé (b)). P139.

Liste des photos

Photo 3.1. Dispositif des expérimentations en incubation. P60.

Photo 4.1. Vue du dispositif de suivi du devenir du glyphosate dans les sols. P88.

Liste des tableaux

Chapitre 1 : Synthèse Bibliographique : Comportement et devenir des produits phytosanitaires et du glyphosate en particulier, dans l'environnement

Chapitre 2 : Etude expérimentale de l'adsorption et de la désorption du glyphosate

Chapitre 4 : Etude couplée des processus de transfert, de dégradation et de stabilisation du glyphosate sous conditions climatiques naturelles

INSTITUT NATIONAL
POLYTECHNIQUE
DE LORRAINE

AUTORISATION DE SOUTENANCE DE THESE
DU DOCTORAT DE L'INSTITUT NATIONAL
POLYTECHNIQUE DE LORRAINE

o0o

VU LES RAPPORTS ETABLIS PAR :
Monsieur Jean-François COOPER, Professeur, Université de Perpignan, Perpignan

Monsieur Michel COUDERCHET, Professeur, Université de Reims, Reims

Le Président de l'Institut National Polytechnique de Lorraine, autorise :

Monsieur AL RAJAB Abdul Jabbar

NANCY BRABOIS
2, AVENUE DE LA
FORET-DE-HAYE
BOITE POSTALE 3
F - 54501
VANDŒUVRE CEDEX

à soutenir devant un jury de l'INSTITUT NATIONAL POLYTECHNIQUE DE LORRAINE, une thèse intitulée :

"Impact sur l'environnement d'un herbicide non sélectif, le glyphosate. Approche modélisée en conditions contrôlées et naturelles"

en vue de l'obtention du titre de :

DOCTEUR DE L'INSTITUT NATIONAL POLYTECHNIQUE DE LORRAINE

Spécialité : « Sciences agronomiques »

Fait à Vandoeuvre, le 13 juin 2000
Le Président de l'I.N.P.L
F. LAURENT

TEL. 33/03.83.59.59.59
FAX. 33/03.83.59.59.55

www.ingramcontent.com/pod-product-compliance
Lightning Source LLC
Chambersburg PA
CBHW021054210326
41598CB00016B/1206